U0125903

你在害怕什么

焦虑症与恐惧症应对指南

（原书第 2 版）

［美］大卫·卡博内尔（David Carbonell） 著

万丽芳 译

机械工业出版社
CHINA MACHINE PRESS

本书在第 1 版的基础上进行了全面修订与扩充，纳入了对恐惧症和焦虑症的本质和治疗方法的最新科学理解所取得的诸多进展，同时仍然保留了第 1 版的核心特色。

本书作者是临床心理学家，他利用其丰富的临床经验、幽默风趣与引人入胜的表达方式，帮助读者深度了解恐惧症的本质与发作机制，并从惊恐障碍、社交焦虑、演讲焦虑、血液恐惧症、飞行恐惧症、呕吐恐惧症和驾驶恐惧症等方面，为与恐惧症做斗争的人们提供了实用建议，包括渐进式曝光、冥想、写日记、走出与恐慌的斗争等。

遵循书中所阐述的行之有效的方法与策略，将帮助遭受恐惧症和焦虑症的人重新获得想要的幸福生活。

图书在版编目（CIP）数据

你在害怕什么：焦虑症与恐惧症应对指南：原书第2版 /（美）大卫·卡博内尔（David Carbonell）著；万丽芳译. — 北京：机械工业出版社，2024.1

书名原文：Panic Attacks Workbook：A Guided Program for Beating the Panic Trick, Second Edition

ISBN 978-7-111-74574-7

Ⅰ.①你… Ⅱ.①大… ②万… Ⅲ.①焦虑 – 心理调节 – 指南 ②恐惧 – 自我控制 – 指南 Ⅳ.①B842.6-62

中国国家版本馆CIP数据核字（2024）第026751号

机械工业出版社（北京市百万庄大街22号　邮政编码100037）
策划编辑：刘怡丹　　　　责任编辑：刘怡丹
责任校对：孙明慧　陈　越　责任印制：张　博
北京联兴盛业印刷股份有限公司印刷
2024年4月第1版第1次印刷
169mm×239mm·21.25印张·1插页·283千字
标准书号：ISBN 978-7-111-74574-7
定价：69.00元

电话服务　　　　　　　　　　网络服务
客服电话：010-88361066　　　机　工　官　网：www.cmpbook.com
　　　　　010-88379833　　　机　工　官　博：weibo.com/cmp1952
　　　　　010-68326294　　　金　书　网：www.golden-book.com
封底无防伪标均为盗版　　机工教育服务网：www.cmpedu.com

谨以此书献给曾经遭受过惊恐障碍，或
者亲历亲人遭受此痛苦的人！

对本书的赞誉

恐慌从进入你生活的那一刻起就在欺骗你。卡博内尔博士拉开了帷幕，揭示了它的所有诡计。他编写了一本你需要知道的应对指南，帮助你摆脱焦虑症状。无论恐慌侵袭到哪里——从旅行、公众演讲到健康——你都能找到一个值得信赖的行动计划。遵循这些指导，赢回你的生活。

——里德·威尔逊（Reid Wilson）博士，

《停止脑中的噪声》（*Stopping the Noise in Your Head*）作者

如果你患有惊恐障碍，这本书无疑是最有用的书籍之一。大卫·卡博内尔将循证治疗转化为用户友好的语言。通过他睿智的教学、实例的使用和实用的方法，你将掌握战胜恐慌的诀窍，重新过上充实的生活。

——金伯利·莫罗（Kimberly Morrow），执业临床社会工作者，

《认知行为疗法应对焦虑症：治疗恐惧、惊恐、担忧和强迫症的分步训练手册》

（*CBT for Anxety*：*A step-by-step Training Manual for the Treatment of Fear，Panic，Worry and OCD*）合著者

在这本《你在害怕什么：焦虑症与恐惧症应对指南（原书第 2 版）》中，作者大卫·卡博内尔概述了你需要知道什么才能战胜惊恐发作，以及如何应用这些知识来解决一系列与恐慌有关的问题。他以直言不讳和用户友好的方式综合了最好的研究证据。如果你患有惊恐发作、惊恐障碍或具有相关问题，这本书就是为你准备的！

——大卫·F. 托林（David F. Tolin）博士，生活研究所焦虑症中心主任，

《面对你的恐惧：战胜焦虑、恐慌、恐惧症和强迫症的有效计划》

Face Your Fears：A Proven Plan to Beat Anxiety，

Panic，Phobias，and Obsessions）作者

不适不等于危险，从这一前提出发，卡博内尔博士的《你在害怕什么：焦虑症与恐惧症应对指南（原书第 2 版）》一书从惊恐障碍、社交焦虑、演讲焦虑、血液恐惧症、飞行恐惧症、呕吐恐惧症和驾驶恐惧症等方面，为与恐慌症斗争的人们提供了实用的建议。他采用苏格拉底式的认知行为方法来引导读者，通过最先进的循证暴露疗法进行康复。如果我决定写书的话，此书正是我为我的恐慌症患者写的一本书。

——大卫·J. 科辛斯（David J. Kosins）博士，心理学家，

华盛顿大学精神病学系和心理学系临床讲师，

认知和行为疗法协会创始研究员和认证培训师

大卫·卡博内尔从事焦虑症 / 惊恐症研究已有数十年之久，从这本书的更新版中可以看出他拥有如何理解与如何控制焦虑和惊恐发作的知识和智慧。惊恐发作是大多数焦虑症的核心问题，因此几乎所有焦虑症和惊恐障碍的患者都会从中受益。恐慌会"诱导"患者，使其行为与康复所需的行为背道而驰，并且他们的行为实际上使问题永久化。随着时间的推移，问题会越来越严重。如果你想摆脱恐慌症的控制，那就读读这本书吧！

——罗伯特·W. 麦克莱伦（Robert W. Mclellarn）博士，

焦虑、恐慌症治疗中心有限责任公司董事兼创始人

恐慌会让你误以为自己处于危险之中。卡博内尔博士解释了如何"战胜"恐慌，重新掌控自己的生活。卡博内尔最善于用巧妙、简单、明确的例子来解释复杂而微妙的问题。这是阻止惊恐发作的一本佳作。

——马丁·N. 塞夫（Martin N. Seif）博士，美国焦虑和抑郁协会创始人，

《每个治疗师都需要了解焦虑症》

（*What Every Therapist Needs to Know About Anxiety Disorders*）、

《克服不想要的侵入性想法》（*Overcoming Unwanted Intrusive Thoughts*）、

《需要知道确定的事情》（*Needing to Know for Sure*）和

《克服预期焦虑症》（*Overcoming Anticipatory Anxiety*）合著者

在我看来，《你在害怕什么：焦虑症与恐惧症应对指南（原书第2版）》是克服恐慌的最佳自助书籍之一。卡博内尔博士以清晰、同情和幽默的语言介绍了最有效的方法。如果你正面临惊恐发作的挑战，本书就是你的起点。

——尼尔·西德曼（Neal Sideman），美国焦虑和抑郁协会会员，

美国焦虑抑郁协会公共教育委员会联合主席

危险和恐惧不是一回事！这是一本全面而实用的应对指南，它引导我识破并战胜讨厌的"恐慌把戏"。正如你对大卫·卡博内尔的期望一样，这本书的更新版是所有努力了解和克服焦虑与惊恐发作问题的人的必备资源。

——德鲁·林萨拉塔（Drew Linsalata），

"焦虑的真相"（*The Anxious Truth*）

播客创建者、主持人

《你在害怕什么：焦虑症与恐惧症应对指南（原书第 2 版）》是我读到的第一本让我笑出声来的治焦虑的书籍。作者用幽默的方式来应对焦虑问题，并告诉我如何逐渐地让自己康复，这正是医生吩咐的。在书中，大卫将重点放在教患者如何设计自己的暴露计划上，并提供了大量的实用信息，让患者为康复做好准备。

——克里斯汀·E. 卡明斯（Kristin E. Cummings），执业社会工作者

在《你在害怕什么：焦虑症与恐惧症应对指南（原书第 2 版）》一书中，大卫·卡博内尔博士对其经典自助书籍进行了全面修订和扩充，纳入了自第 1 版问世以来的 20 年间我们对恐惧症和焦虑症的本质和治疗方法的科学理解所取得的诸多进展。同时，仍然保留了第 1 版的核心特色。本书在信息量大、以证据为基础但又易于消化之间取得了完美的平衡。作者认真对待惊恐障碍（以及惊恐障碍症患者），同时也为读者提供了幽默风趣、引人入胜的循序渐进的方法，帮助读者战胜惊恐障碍（以及惊恐障碍带来的诸多常见问题）！

——西蒙·雷戈（Simon Rego），心理学博士，

美国职业心理学委员会成员，认知行为疗法首席心理学家

你准备好一劳永逸地克服惊恐发作了吗？大卫·卡博内尔的书就是首选。他以幽默、同情的笔触，专业地阐述了患者需要知道的一切，让患者从焦虑中解脱出来。我强烈推荐这本精彩绝伦的好书。

——珍妮弗·香农（Jennifer Shannon），执业婚姻家庭治疗师，

《跳出猴子思维》（*Don't Feed the Monkey Mind*）作者

再版说明

自从我撰写的这本书的第 1 版问世以来，9 年过去了。虽然关于惊恐发作和恐惧症的许多事情依然如故，但我们对如何更好地帮助人们克服这些问题的理解却在不断发展变化之中，因此需要修订。

不变的是什么？恐慌是一种狡猾、阴险的伎俩，它会让你成为自己的生活、家庭以及大脑的囚徒；它会恐吓你，让你放弃那些曾经是你生活一部分的活动和场合，比如驾驶、航空旅行、参加公开演讲、在大型商场购物、乘电梯等许多日常活动。

甚至当惊恐障碍对数百万人造成影响时，还会给他们留下这样的印象：只有他们才有这种奇怪的问题，事实并非如此。但当人们认为恐慌是自己造成的某种独特的个人问题，而不是一种影响全球数百万人的失调症时，他们往往会感到羞愧、尴尬，并躲进羞耻、隐秘的壳里。幸运的是，与 2004 年相比，恐惧症得到了更多的公众讨论和关注。

有什么不同？CBT（认知行为疗法）仍然是治疗惊恐障碍的首选方法，但治疗方式有所不同。ACT（接受与承诺疗法）、正念疗法、元认知疗法和 DBT（辩证行为疗法）等对我们的方法进行了改进和调整。新的 CBT 模式侧重于与让人不舒服的想法、情绪、感觉建立新的关系，而不仅仅是挑战和反对这些症状。该疗法将"暴露"作为一种恢复患者能力的途径，使其按照自己想要的方式生活，而不是对抗恐慌和焦虑的手段。

我第一次意识到恐慌是一种把戏是在 1988 年。

当时我是一名刚获得执照的心理咨询师，在那间有天窗的新办公室里，我的第一位来访者在候诊室徘徊，犹豫着要不要进我的办公室。我请她进来，她说："你办公室里有荧光灯！灯光让我感到恐慌！"

我的办公室里确实有日光灯，但灯都关了。那天所有的光线都来自天窗，光线深深地镶嵌在天花板上，除非你站在天窗下，否则你可能会认为那是人造光源。"荧光灯让你惊恐发作？"我问道。"是的！"她说，"我不能待在荧光灯附近；如果你使用荧光灯，我就看不见你！"她的情绪越来越激动，我担心她会在我们咨询开始之前逃走。

"荧光灯现在让你感到恐慌了？"我问道。"是的，我现在惊恐发作了。如果你需要使用荧光灯，我就不能待在这里了！"说着，她转身朝出口走去。

这是我的噩梦——我没有让来访者感觉更好，而是让她感觉更糟。"等等，我可以给你看样东西吗？"我问道。我邀请她走进我的办公室，就一会儿。她跟我一起走进办公室，我们站在天窗下。我让她抬头，这样她就能看到天窗下全是自然光，没有荧光。

"你骗我！"她喊道。她很生气，但不再惊慌，然后我们才有机会交谈。之后情况有所好转，我也能够帮助她。我从未忘记那次谈话，我并不确定自己是否骗了她，但我确实看到她被骗了，那时我才意识到——她的惊慌失措欺骗了她！从那时起，帮助人们看穿惊恐发作和恐惧症的把戏一直是我的工作。

为什么我称恐慌为诡计？不仅仅是因为它让患者误以为自己马上就会面临灾难，比如死亡、精神错乱或可怕的羞辱。不是因为恐慌让患者放弃了许多曾经喜欢的日常活动，那些都是可怕的伎俩，会让患者的生活失去快乐和意义。但是，尽管如此，它们并不是恐慌最糟糕的部分。恐慌伎俩最糟糕的部分在于它会给患者洗脑，使患者的行为和思维方式让问题变得更糟而不是更好。它让患者把所有的个人力量和智慧都用在了产生更长期、更困难的问题上，而不是患者所寻求的康复上。它利用患者对安全感的渴望，诱使患者陷入困境。

我将告诉患者该怎么做。本书揭露了其中的诀窍，并一步一步带领患者走在康复之路上。

当人们第一次经历惊恐发作时，他们不知道自己面对的是什么，而且可能会一直难以发现。他们不知道自己是否患有疾病，心脏是否受损，呼吸是否有问题，"体内化学元素失调"是否存在，是否有情绪问题、精神问题或其他问题。他们可能辗转于各个医生之间，做了一项又一项检查，试图找到答案。

一路走来，他们变得恐惧又困惑。通常情况下，他们似乎越是想把问题抛在脑后，问题就越严重。他们最终会相信两种误导性解释中的一种或两种：他们太虚弱或有缺陷而无法康复，或者问题太棘手而无法康复。

以上两种观点都是不正确的。这是一个非常容易治疗的问题，人们是可以克服的。为什么这么多人在解决这个问题上遇到很多困难？

答案是，他们没有发现惊恐发作实际上是在诱使他们以加强和维持惊恐的方式进行思考和行动。他们总是上当受骗，即使他们意识到自己被愚弄了，他们还是会继续上当。

当人们试图以自助的方式自己使用 CBT 来克服恐慌时，结果往往令人失望。当他们使用 CBT 作为一种自己免受恐慌的保护措施时，就会发生这种情况。使用 CBT 或其他方法来保护自己免受恐慌的伤害，只会让恐慌的把戏更见效。在书中我将告诉患者如何避免这一常见错误，化解恐慌伎俩，并获得患者所寻求的结果。

出于同样的原因，患者在本书中找不到任何有关药物治疗恐惧症的内容。药物治疗可能对某些人有帮助，但在大多数情况下，我认为药物治疗被过度使用了。药物治疗最好在其他治疗方法都无效时使用，而不是作为首选治疗方法。在本书中，我将告诉患者如何从惊恐发作中恢复过来，并在不服药的情况下自由地生活。

本书充满了各种想法和建议，其中的大多数都是反直觉的，与患者的想象相反。因此，有很多值得思考和理解的东西。我在书中提出了很多问题，有些问题看起来像众所周知的"蠢问题"，有时我会要求患者尝试做一些他们通常不愿做的事或想一些不愿想的事，有时我会要求患者尝试一个看起来非常愚蠢的实验。

患有长期惊恐发作和恐惧症的人需要以不同的方式思考和行动才能康复。如果本书中没有任何内容对患者构成挑战或使患者感到困惑，如果患者立即赞同书中所述，那么要么患者已经康复得差不多了，要么我写的书不是很有用。

但是，如果患者和我一起关注惊恐发作和恐惧症令人惊讶且自相矛盾的本质，我会告诉患者它们是如何运作的，是如何欺骗患者的。最重要的是，患者可以做些什么来克服惊恐障碍，重获自由。

让我们行动起来吧！

推荐序

就是它了！当这本书的第 1 版于 2004 年出版时，它立即成为我推荐给那些与惊恐发作以及惊恐发作所导致的困惑、恐惧性回避和痛苦做斗争的人们的首选。多年来，我一直向大家推荐这本开创性的图书，同时也越来越希望能对其进行修订，以补充过去数年中研究和临床观察所获得的大量新信息。那时起，ACT、DBT 和元认知治疗方法的发展，以及 ILT（抑制性学习理论）的研究成果，被广泛应用于治疗焦虑、抑郁和强迫症。这些发展让惊恐治疗的深度、区分度和有效性得以提高，卡博内尔博士显然接受了我的建议——就在这里！

有的书会强调学术理论、语言，而忽视助人之术，但这本书非常具体、实用。作者数十年的临床经验体现在他所讨论的每一个细节上。比如，他不仅为支持者提供建议——他们应该做什么、不应该做什么——而且他告诫说：你的支持者需要知道，事实上，他们就是你的支持者。仅仅依靠他人的存在来提供帮助，这种安全行为最终会适得其反，这就像随身携带"小飞象的羽毛"，让你相信自己是安全的，但同时又教导你，你需要帮助，没有帮助你无法应对。

出于对读者的基本尊重，卡博内尔博士仔细描述了被恐惧症困扰的人如何被欺骗，使他们相信自己处于紧急危险之中。他说："这是一个合理的猜测！""只是猜错了！"他所传达的信息比仅仅描述消除或停止恐慌的身体和情绪症状的技巧更为深刻。他要传达的信息是："使用 CBT 或其他方法来保护自己，只会让恐慌的把戏更见效。"他是在告诉读者，你没有任何问题，只是你对正在发生的事情的理解，导致你在试图解决该问题的时候不经意间火上浇油了。

你可能会认为一本关于如此沉重话题的书会给人些许压抑的感觉，但这本书却让人很容易接受，其语言轻松、幽默，不加修饰，温和地指出了荒谬、迷信、微妙的不知不觉的自我毁灭。但请不要误会：本书建立在最新的、坚实可信的科学证据的基础之上。作者善于洞察患者的内心世界，描述恐惧症患者的言论如何将自己引入歧途——与自己争辩以便让自己冷静下来显得那么自然；提供"理性谈话"以放松自己又是如何适得其反的。他解释了"我受不了了！"这样的想法如何表达痛苦，却被误解为危险。他处理这些问题时没有说教、没有坚持，也没有指责。他说："患者的身体是无辜的。"大脑会对恐怖电影、焦虑的想象或灾难性的想法做出反应，就好像它们是真实的一样。患者需要学会注意到这一点，才能摆脱久经考验的惊恐循环。

这本书的另一个与众不同之处在于其相关细节的详尽程度。比如，我从未见过对如何呼吸才不会加剧恐慌的更好解释。书中不仅详细介绍了如何呼吸，还区分了呼吸作为一种把自己从危险中解救出来的技术——一种试图控制恐慌的无益尝试——与一种减少自动过度换气带来的不适之间的区别。同样，作者也非常有说服力地说明了为什么改变患者与其焦虑的想法的关系比试图纠正或控制它们更有效。本书还有助于提升大脑的认知来识别"如果……怎么办？"的想法。如何通过创作俳句或打油诗来将那些想法幽默地表达出来，而不是被引诱到惊慌失措。本书还展示了如何进行暴露实践，而不仅仅是想象，对于出现的所有反对意见和担忧，我们都会满怀同情，清晰地加以解决。

这些法则在有关飞行恐惧症、公开演讲恐惧症、驾驶恐惧症、电梯恐惧症、健康焦虑症、广场恐惧症、幽闭恐惧症、呕吐恐惧症等常见恐惧症的章节中有详细的阐述。在本书的最后部分，作者谈到血液恐惧症、夜间恐慌症、人格解体和现实解体以及神经性出汗，它们的症状通常与惊恐发作有关，但却经常被隐藏起来（甚至不被治疗师发现），因为它们太令人尴尬、太令人担忧了。

卡博内尔博士的书是鼓舞人心的。他不是在倡导应对生活、度过生活的方法，他的目标是要把患者带到更高的境界，让患者更上一层楼。如果你觉得自己的生命或理智岌岌可危，你当然会接受各种限制和羞辱，并试图控制自己能控制的一切。但如果你完全明白自己被骗了，以为自己处于危险之中，其实不然，那么你就可以在这本书的指导下继续前行。

欣赏本书，走上康复之路从下页开始！

——莎莉·M.温斯顿

心理学博士、马里兰大学焦虑和

压力障碍研究所执行主任、创始人

目　录

Part 1

揭开神秘面纱

Part 2

为康复奠定基础

Part 3

暴露练习

Part 4

常见恐惧症

Part 5

处理相关问题

揭开
神秘面纱

Part 1

01
体验惊恐发作

· · ·

　　经历过惊恐发作的人都有自己的故事，他们一般认为自己的问题和别人的不一样，然而每个人的病程中都有很多共同之处。

　　奥黛丽（为了保护隐私，所有来访者的名字均已改动）生长在芝加哥，是一个惊恐障碍伴有广场恐惧症的典型患者。她第一次来找我咨询时 45 岁，那段时间她几乎没有出过城，情况最糟糕的时候，甚至没有出过家门。我给她治疗的时候，她能做的仍然非常有限。奥黛丽聪明、精力充沛，热情且有志从事多种职业，但为了避免恐惧的场景，诸如在高速公路上开车，离开"安全"的家超过几分钟，坐公交、乘火车或搭飞机、在拥挤的商店或商场购物，她选择兼职做园丁。

　　奥黛丽第一次惊恐发作发生在 32 岁时，当时她独自驾车行驶在高速公路上，身体没有明确原因地潮热，她试图不去理会，但又忍不住想自己会不会昏死过去。奥黛丽告诉自己这种想法是"疯狂的"，但无济于事。她开始出汗，呼吸急促，心跳加速，不知道自己是否仍然身心合一，还是说正在某种程度上灵魂出窍了。奥黛丽担心自己会疯掉，于是将车掉头开回了家。

　　奥黛丽一开始没有告诉任何人，因为她不知道该说什么，害怕这种想法在别人看来很愚蠢。但从那时起，由于害怕重复这样的经历，因此她除了去家附近的"安全区"，其他地方一般不开车。

　　当惊恐发作时，奥黛丽需要能立刻找到离开的出口。随着时间的流逝，她对任何不能立刻找到这样出口的场景越来越感到害怕。她开始深夜去 24 小时营业的超市购物，因为那个时间段结账不用排队。很快她觉得这似乎太冒险了，因为许多她去的超市找不到出口，于是她只去便利店。奥黛丽不想去的地方越来越多，想见的朋友越来越少，她变得孤立，找各种借口待在家里不出门了。大约有四个月，她根本不离开家，奥戴丽对自己的生活被打乱感到越来越沮丧。

在她来找我咨询之前，她的咨询师们让她回顾过往童年的记忆，希望能帮她找到患惊恐症的源头。有的治疗师认为她的惊恐症是因为某种未知的理由或避免参加活动的借口；有的治疗师严厉地拒绝讨论她的惊恐症发作，认为她太关注那些永远没法弄清楚的"潜在原因"；精神科医生让她服药，内科医生对她进行一系列的检查，想从身体层面找到惊恐的源头，但是所有这些都没有办法让她的惊恐症状得到缓解。

奥黛丽以为喝水会中止惊恐发作，所以她无论到哪里都会带着一瓶水；她相信只要身体不感觉到热，惊恐的状态就会缓解，所以一年的大部分时间，她的车在行驶中都会开着空调；为了避免承诺在固定的时间去任何地方，她会告知对方"我要看看我感觉怎么样"，或者"等时间近点，我们再说吧"。

奥黛丽陷入了经典的"恐惧的恐惧"中，担心焦虑会导致惊恐发作，惊恐发作会让她发疯，她会死于惊恐发作。她拼命地让自己不紧张，但是，那只会让她更加焦虑。

奥黛丽在使用本书中的方法练习之后，她的惊恐症得到了很大程度的缓解。她开车到市郊，当她平生第一次在牧场上看到奶牛的时候，像看见恐龙那样兴奋，随之而来内心升起了一股强烈的自豪感——她终于赢回了她的自由。

奥黛丽对恐惧的康复持续了 14 个月。她的惊恐症发作变得不那么频繁，程度也越来越轻。随着时间的推移，她的羞耻感慢慢也降低直至完全消失，预期的焦虑也渐渐消失了。回忆过去惊恐发作的情境，奥黛丽偶尔还有些许焦虑，但她会告诉自己："我不会再被惊恐症困扰了。"

如今，奥黛丽想去哪里就去哪里，她可以长途旅行拜访家人和朋友，重新加入职场，并在市政府一个位高权重的位置任职直至退休。惊恐症的确困扰过她，但现在她自由了。她是这样总结自己的康复体验的——"我找回了我的自由！"

奥黛丽的故事讲述的是一个惊恐障碍伴有广场恐惧症患者的病例，除了在家里感觉安全之外，她开始害怕、主动回避家以外几乎所有的一切。但恐惧也可能非常具体，人们可能害怕某一特定的事物或情况，比如怕狗、怕坐电梯。患有这类恐惧症的人通常并不害怕某个事物或某种情况会"对他们做什么"，更常见的是他们害怕自己对这个事物或这种情况的反应过度，甚至"失控"，以至于因此而遭受永久性伤害或对此抱有羞耻感。

龙虾的故事

我曾经有一个来访者盖尔，她知道龙虾不会咬人，却一直怕龙虾。事实上，无论是煮熟的龙虾还是活的龙虾，她都怕。和奥黛丽的情境一样，盖尔陷入"恐惧的恐惧"之中，担心自己会被龙虾吓得失控，而遭受无法弥补的伤害：或许她会对餐馆里的龙虾反应过于强烈以至于心脏病发作；或许她会由于害怕龙虾而逃跑，跑到街对面，然后被车撞到；或许她在逃跑的时候撞倒并伤害无辜的他人，盖尔最担心的是她会由于害怕而疯掉。

盖尔对龙虾的恐惧和恐惧症患者的恐惧是一样的，唯一不同之处在于，她的惊恐完全是由龙虾引发的。

如果你没有对龙虾的恐惧，几乎无法理解这怎么会成为一个大问题。特别是像盖尔那样生活在内陆州。但如果你害怕在龙虾面前失去理智，那么你就会担心龙虾可能出现在任何地方。即使是一种看起来"很好笑"的恐惧，也会剥夺你的自由。这就是盖尔的遭遇，她称自己为"龙虾女孩"，以嘲讽的口吻提到了在普通生活中的这种不寻常的恐惧。

盖尔和她的家人一般选择在内陆地区度假。她的丈夫经常在晚餐时招待商业客户。如果盖尔参加，丈夫会提前预订菜单上没有龙虾的餐馆；盖尔去看电影前会事先与好朋友核实，以避免电影里有龙虾的场景。她阅读杂志很勉强，只要一瞥见龙虾照片，就会立即推开。她知道这有点不可理喻，但她控制不了。

盖尔描述了在杂货店看到龙虾缸的情景：

"我站在商店的前面，看着人们——男人、女人、孩子以及年纪大些的夫妇——从龙虾缸旁边走过，仿佛什么都没有影响到他们。我问自己：'他们是怎么做到的？'"

20 多年以后，盖尔找到了我，在接受咨询的几个月里，我们用了本书中的方法。我们第一次通电话时，盖尔由于害怕、羞愧，甚至不愿告诉我她害怕的是什么。

"是一种动物恐惧症。"她说。

"我还不想告诉你是什么动物。"她又说道。

但在相对较短的时间内，她完全克服了她的恐惧。想象一下，从这种恐惧中解脱出来该是多么如释重负。在那之后的几年里，我陆续收到她第一次在新奥尔良、波士顿等沿海地区度假的明信片。卡片上总是画着鱼市或满满一桌子龙虾，背面写有一句话："这是我自己挑选的。"

关于诊断

我诊断奥黛丽患的是惊恐障碍伴有广场恐惧症，盖尔患的是特定恐惧症。其他患者的惊恐发作可能表现为社交恐惧症（社交焦虑症）或创伤后应激障碍（PTSD）或其他相关障碍。这些诊断与导致惊恐发作的触发因素以及触发情境相关，但关键要看如何应对恐惧。

读者经常会混淆恐惧症、特定恐惧症、广场恐惧症和幽闭恐惧症，以及它们之间的差异。没关系，因为我和我的许多专业同行也分不清。

令人困惑的定义

《精神障碍诊断和统计手册》（第五版）中给惊恐障碍定义时，需满足下列条件：

- 经历过一些不是由桥梁、高速公路或人群这样特定的场景触发的惊恐发作；
- 非常害怕惊恐发作，以至于希望通过改变自己的日常行为来预防惊恐发作；
- 防止惊恐发作的努力实际上会导致更多而不是更少的惊恐发作。惊恐发作本身并不是一种诊断，惊恐发作是一系列焦虑障碍症状。

特定恐惧症的定义如下：

- 对特定的事物或情况产生显著的害怕；
- 恐惧的事物或情况几乎总是能够触发立即的害怕或焦虑，这种害怕或焦虑与特定事物或情况引起的实际危险不相称；
- 对恐惧的事物或情况主动回避或是带着强烈的害怕或焦虑去忍受；
- 这种害怕、焦虑或回避引起有临床意义上的痛苦或重要功能方面的损害。

广场恐惧症被定义为对两种或两种以上情境感到害怕的症状，比如处在公共交通、停车场和桥梁等开放空间；商店和剧院等密闭的空间以及人群、独自在家以外的空间。人们经常认为广场恐惧症的意思是"困在家里"，但那只是一种非常严重的广场恐惧症的表现。

如果在高速公路上开车、在拥挤的剧院或体育场内出现惊恐发作，那是广场恐惧症。

幽闭恐惧症不是由《精神疾病诊断与统计手册》（第五版）专门定义的

（这是具有讽刺意味的，因为这个术语公众最清楚），幽闭恐惧症是狭小空间和情境引发的特定恐惧症。

如你所见，这些定义之间有很多交叉重复。

在我的职业生涯中，这些疾病的定义已经修订多次，但是这些变化对疾病的治疗没有太大影响。影响治疗方法的是通过控制组将特定治疗方法与其他治疗方法进行比较的研究结果。本书自 2004 年第 1 版以来，受这些定义修订的影响很大，我在更新版中加入了许多新的内容。请读者不要关注如何理解诊断术语的细微差别。这些术语很复杂，经常交叉重复，前后矛盾，它们是专家、业内人士感兴趣的，但读者不必太当回事。

你可能害怕在电梯里、飞机上、人群中惊恐发作，如果你认为自己患的是广场恐惧症、幽闭恐惧症或惊恐障碍，甚至多种特定的恐惧症，那么这会有什么不同吗？答案是没有！无论用什么术语，无论发生在什么场所，你要做的主要是训练你的大脑去处理和解除惊恐发作的警报，最好的方法是将自己系统地暴露于恐惧和触发恐惧的情境中。

所以，请简化……

我们鼓励使用更简单、更实用的术语去思考这些障碍。我们有理由将惊恐障碍和广场恐惧症视为几乎是相同的问题，将幽闭恐惧症视为这些问题下面的子问题。最重要的是对惊恐发作的预期恐惧，并试图主动回避惊恐发作。不管惊恐发作发生在哪里，不管是什么触发了惊恐发作，不管你或你的医生给它起了什么名字，都应把注意力放在恐惧的情绪上，训练自己与惊恐发作的情绪待在一起，而不是与之对抗，这将有助于解决恐惧的问题。

奥黛丽和盖尔的例子代表了惊恐发作和恐惧症的两种截然不同的经历。惊恐发作和恐惧症的一般体验是这样的：有些症状是相同的，而其他症状总是不同的。

开始：第一次发作

如果你患有惊恐障碍，那么第一次发作通常是一次意想不到的经历，正如人们所说："是突然发生的。"你一路走来，专注于自己的事情：也许正在一家繁忙的杂货店购物；也许正在高速公路上开车；也许在炎热的夏天等红绿灯；或者坐在教堂里听牧师布道；或者在离家很远的地方度假；又或者在自己家的床上酣睡，但思绪似跑马。

接下来，你会感到一些没有明显原因的可怕的症状：比如心率加速、出汗、头晕目眩、呼吸困难、胸痛或胸部不适、四肢麻木、脚步不稳、感觉不真实（现实解体）、感觉脱离了自己（人格解体）。你不知道这是为什么，但自己真的很害怕。

以上是惊恐障碍患者第一次惊恐发作的一般情况，虽然细节会有所不同，但有些人在完全发作之前会出现一些初步症状，有些人则没有。也有些人会有不同的症状组合。每个人的惊恐发作会不尽相同，因为每个人都是不一样的个体，会随着时间的推移而变化，即使是同一个个体每次惊恐发作也会不一样，因为个体在不同的时间会关注不同的症状。

有些人的惊恐发作表现为怕狗、恐高、怕风暴、怕医生等特定的恐惧。这些特定类型的恐惧症要比惊恐障碍更有"针对性"一些。

人们为什么患上惊恐发作和恐惧症？

患恐惧症的人通常非常想知道自己为什么会惊恐发作，因此也会经常问自己："为什么是我？"他们频繁且反复地问自己："为什么在这里？为什么是现在？"

你想知道为什么会惊恐发作，这是非常自然的。然而，"为什么"的问题对你来说并不那么有用。专注于它更有可能使你陷入困境，而不是帮助你恢复。

当人们问自己"为什么"这样的问题时，并不是真的在寻找解决问题的途径，而是以愤怒的、指责的方式表达"凭什么"。他们经常担心惊恐在某种程度上是自己的错，有时会对命运或对世界感到愤怒，抗议自己好像犯了一个可怕的错误，想知道谁会为他们纠正这个错误，这种愤怒和责备不会成为解决方案的一部分。

在向我咨询的来访者的病程中，我看到了恐惧和惊恐症的两种普遍模式。

第一种模式是那些可以直接追溯到童年的恐惧症的人，他们的恐惧症没有中断。无论他们害怕什么，比如公开演讲、坐飞机、看到动物还是其他，他们的病程表明他们一直在害怕。我们可以把他们一直都在害怕看作是从未消除的童年恐惧症。这些更可能是特定的恐惧症，而不是与惊恐障碍有关的恐惧症。有这种病程的人往往不太关心"为什么"的问题。他们认为这种恐惧一直或几乎一直伴随着他们，所以他们并不觉得这有什么神秘之处。

第二种模式更有可能与惊恐障碍有关，并引起患者更多的关注"为什么"的问题。在这种情况下，患者会回顾他们生活中的某个时期，那时他们没有现在的恐惧。当他们没有现在这样的恐惧时，事实上，他们经常可以回忆起他们生活中的一个时期。那时他们完全享受自己当下害怕的活动或情况，或者他们感到"无所畏惧"。

比如，害怕飞行的人很少是一生中从未飞行过的人。大多数人在他们变得恐惧之前经常飞行，而且相当频繁。有些人是军事飞行员，喜欢飞行。这与害怕驾驶的人相似，他们在害怕开车之前，一般都有多年的驾驶经验。对这些人来说，"为什么"的问题像燃烧的马鞍毛刺一样困扰着他们。他们认为自己的生活分为两个不同的部分——患上恐惧症之前和患上恐惧症之后。他们更喜欢患上恐惧症之前的部分，于是他们问自己："为什么？"

产生这个问题通常有以下三个基本原因：

第一个原因与他们存在惊恐发作和恐惧症的遗传倾向有关。有些人天生就有可能在适当的情境下发生惊恐发作，而有些人即使是你给他们适当的刺激，他们也不会惊恐发作。其他人的气质与你不同，他们中的一些人很容易患高血压，还会过度饮酒或咬指甲和拽拉头发，他们也不想。

第二个原因与他们童年的生长环境和氛围有关。患有恐惧症的成年人似乎往往是在这样的环境中长大的——他们的养育者没能让他们知道这个世界是一个可以愉快地追求自己享受的地方。如果情况不同，他们的恐惧倾向可能一直处于休眠状态。但结果却不是这样的，可能家里有人英年早逝、罹患重病或存在其他严重的问题，比如家中有人酗酒；也可能是相反的问题——父母焦虑和过度保护孩子，导致强化了孩子的脆弱感或者是孩子学会了应付出很多时间和精力去照顾别人，感到自己必须对他人的幸福负责。

第三个原因与年轻人独自承担一切的压力有关。恐惧症通常始于二十几岁或三十几岁——这正是年轻人在经历与形成独立人格较为重要的时间，这也正是恐惧症爆发的"季节"。一旦如此，压力和恐惧就会集中在特定的活动上，比如飞行、驾驶或购物。突然间，你发现自己无法处理那些过去对你来说很容易的事情。

以上三个原因的共同点是，那些情境都不在你的控制之下，都是生活中的无常状态且自己也无法选择。当你惊恐发作时，要么是有需解决的问题，要么是有未解决的问题，但有一点要明白：那些都不是你的错。

理解第一次发作

身体病症的出现如排山倒海般，所以难怪人们会根据这些身体的症状来判断自己正在濒临死亡或经历一些其他灾难，比如晕倒、"精神崩溃"或是以各种方式失去对自我的控制等。这些灾难性的想法不是对危险清晰而准确的警示，也不是来自大脑最聪明部分的有效评估，它会引发焦虑和惊恐发作。

以上是惊恐发作的缘起。当你试图对那些经历做出解释的时候，灾难性的想法就产生了。灾难性的想法反过来也会产生更多的身体不适症状，如此循环往复。对大多数恐惧症患者来说，最终的恐惧是害怕失去对自我的控制。

第一次惊恐发作的反应

人们往往在不引起任何注意的情况下，在第一次惊恐发作后逃离现场。如果在室内，他们通常会离开该建筑物，离开后可能就会感到一些缓解；如果在车里且不能立即停车，他们很可能会打开窗户或打开空调，从中感到一些缓解；他们可能会撤退到一个私密的地方，去"把控自己"或去急诊室。

如果惊恐发作发生在工作场所或有其他人在场的地方，朋友或家人可能坚持要带他们去急诊室或呼叫救护人员。来自其他想要帮助的人的关注往往是额外不适感的来源。这种额外不适感会导致惊恐发作者试图向他人隐瞒任何未来的惊恐发作。如果他们在社交场合，如聚会或会议中变得惊慌失措，那么他们很可能要找一个借口，然后离开。他们会在较少的情况下去寻求帮助，但往往得到的帮助并不十分有用。

第一次惊恐发作去急诊室的人往往会有令人不满意的经历，因为这看起来很奇怪。惊恐发作并不是一种紧急情况，惊恐发作者可能会从急救人员那里得到一般性的答复："你没有什么问题。"他们应该回家休息。当然，他们惊恐发作也是有问题的，只是出问题的地方暂时还不会导致生命危险；但这并不是说没有问题，而是应了解问题出在哪里。不幸的是，这一区别经常被忽视。

惊恐发作的前奏

恐惧症的发病有一些典型的模式。成年人惊恐发作的起病年龄为 18~35

岁，通常发生在以下相关的重大变化时期，比如：

- 找第一份全职工作
- 搬／离家
- 结婚
- 生子

惊恐发作也可能是对长期没有解决的问题的反应，比如：

- 严重抑郁
- 感觉"被困在"糟糕的婚姻里或其他情况下
- 亲人的离世
- 长期不确定自己的健康、职业或财务状况

但是即使没有糟糕的事件，惊恐发作依然会发生。当人们在生活中似乎一切顺利，并开始实现其个人目标的时候，出现惊恐发作。这常常使他们感到困惑，因为他们认为恐惧只会在困难的时候出现，事实并非如此！当你在短时间内经历了太多变化时，哪怕是好的变化也会触发恐惧症。

惊恐之谜

惊恐发作的一个特点是，它会自行消退或者终结，而当事人自己不会受到伤害或不会导致任何他们所担心的灾难发生，我相信读者以前听说过。我提到这一点并不是想让惊恐的这一特点助你减轻恐惧，而是因为它能揭示恐惧的一个重要方面：既然恐惧症患者不会因为惊恐发作而致残、致死或发疯，那么为什么他们还会这么害怕惊恐发作？那么为什么人们最终没有抓住机会，自然而然地去与恐惧共处从而摆脱恐惧呢？

这是惊恐障碍的核心问题，我将在"04"章节再次讨论这个问题。

情绪低落

第一次惊恐发作后的几天和几周，往往要经历一个情绪低落的过程。这还不够，你刚刚经历了一次你以为自己会死或会疯的可怕的经历，你还可能遇到医生和其他专业救助人员，他们并没有做好充分准备来应对这种问题。充其量，他们可能会善待你，并建议你去找一个治疗师或服用一些药物。更糟糕的是，他们可能对一个不是他们自己专业领域的问题不屑一顾并建议你"自己克服"，或喝杯茶放松一下，把它忘掉。但是，一个害怕死亡和精神错乱的人不会被一杯茶或一次温水浴所治愈。

你的朋友和家人可能也没有准备好提供帮助，但如果他们自己有一些恐惧的个人经验，可能会尽力帮助你。但他们又发现不知道如何帮助你，这时候你可能会感到沮丧、不被支持。

回避和预想

你可能会发现自己常担心会再次出现惊恐发作，并试图摆脱这些想法，但没有办法做到。你可能已经在自己的日常生活中做出了细微的改变，想努力避免再次惊恐发作——比如，避开第一次惊恐发作的地点或者如果你需要打电话寻求帮助或分散注意力，那么会随时备好电话。你的睡眠、食欲和幸福感在第一次惊恐发作后可能会受到严重干扰。

恐惧的循环

大多数有过一次惊恐发作的人未来会经历更多的惊恐发作，造成这种情况的原因有很多，但其中一个重要原因是，他们还没从最初的经历中走出来、他们感到困惑、他们情绪低落、他们担心自己未来还会有惊恐发作，这使得他们希望以"保护"自己的方式思考和行动，但这只会增加他们的未来惊恐发作的可能性。他们通过回避和其他扰乱自己生活的反应来努力保护自己，并陷入了对惊恐发作的恐惧预期的漩涡之中。

这是许多人在试图保护自己免受惊恐发作伤害时陷入困境的主要原因。他们避免任何可能引发恐惧的事情，并告诉自己"不要去想惊恐发作"且抵制惊恐发作。他们试图强迫自己感觉更好些、对自己生气、对焦虑的感觉感到羞耻和尴尬、试图对他人隐瞒、试图用酒精、尼古丁和其他物质来消除恐惧。

以上做法会使焦虑长期恶化。

这并不仅仅是说抗拒焦虑是徒劳的，而是说抗拒焦虑会助长恐惧，与恐惧做斗争就像用汽油灭火。

幸运的是，有惊恐发作的人会有一条出路，无论这种发作是惊恐障碍、社交恐惧症、特定恐惧症还是其他焦虑障碍，这条出路对那些上周才首次惊恐发作的人和 20 年前首次惊恐发作的人都有效。无论你害怕什么，它都会对你起作用——公开演讲、聚会、得病、在高速公路上驾驶、在拥挤的商店购物、坐飞机、乘电梯、怕狗、紧张出汗、呕吐或其他任何情境，你都可以用这个方法从惊恐发作和恐惧症中恢复过来。

在这一章的其余部分，我将帮助你从不同的视角去思考惊恐障碍和恐惧症的运作机制，这个角度更准确、更现实，能够让你克服惊恐发作，将担忧和其他焦虑的表现降到最低，我将教你如何使用该方法让自己从惊恐中康复。

根本原因与解决方案

我曾经有一位来访者，她是一名在母亲的过度保护下长大的女性。她回忆说，她的母亲不敢让她在没有大人监督的情况下骑自行车，即使她已经学会了安全规则，并且在她的邻居眼中，她这个年龄的孩子在没有大人监督的情况下骑车是很正常的，但她的母亲还是不敢让她在没有大人监督的情况下骑自行车。她的母亲在地下室的自行车周围洒了一圈滑石粉。这样她的女儿就不能移动自行车，否则就会在滑石粉圈上留下明显的痕迹。如果她的女儿移动自行车，那么就会受到母亲的惩罚，这就是她的母亲试图保护她不发生意外的方法。

我的来访者是一个意志非常坚定的人，即使是在她年轻的时候也不会被吓倒。她当时的力气足够大，可以直接把自行车举着搬出来且又不会在滑石粉圈上留下痕迹。她的母亲从未发现她的这个秘密，而她也能够尽情地骑车。

尽管她的身体已经发育到可以举起自行车而且又能骑上几个小时的程度。但她的心智还没有发育到可以对自己的行为感到满意的程度，因为她被置于一个不得不违反规则的环境中。她为了像其他孩子一样能够骑自行车，违背了母亲的意愿，为此她产生了强烈的内疚感，她认为自己做错了事情，最终会受到惩罚。在她进入了青春期后期时，这种内疚感就发展成为恐惧症，每当她冒险离家"太远"时，就会惊恐发作。

我的来访者认为内疚感是她的惊恐发作的根本原因，我也基本同意她的观点。她可能从她母亲那边继承了谨慎和担忧的特质，而她"擅自"骑自行车的经历似乎是激活这一特质的核心。我认为这是人们通常认为的惊恐发作的根本原因的一个范例。

但知道这些并不能阻止她的惊恐发作。她知道自己为什么会有第一次惊恐发作，但这并没有使惊恐反复发作的情况停下来。她并非因为忆及她的过往和骑自行车经历而惊恐发作。她之所以反复惊恐发作，是因为她一直试图用这种方式保护自己不再受惊恐发作的伤害。

当她能够放下这些焦虑时，她的惊恐症状就会得到缓解。

02
惊恐发作的真正本质

· · ·

我们考虑一下惊恐发作的真正本质。我不会轻易要求你做这个练习，因为我知道你可能会觉得不舒服。你可能会发现，仅仅考虑发作就会产生让你不舒服的感觉和症状。不要在这些感觉中挣扎，也不要跳到一个不同的感受里。相反，把这个练习当作你康复的第一步。实践、体验、感受，而不是逃避或挣扎。

1. 简要描述你所经历的一次惊恐发作，一次你记得很清楚的且特别强烈的惊恐发作（一个人的第一次惊恐发作通常是最糟糕的，所以如果你记得很清楚，就用那一次）。

_____

_____

2. 回忆一下你当时担心的会发生在你身上的事情。你恐惧的是什么？

人们往往很难描述惊恐发作时他们的想法和恐惧，因为恐惧对人的注意力和记忆力会有很大的破坏作用。

但是描述惊恐发作时的想法和恐惧往往是有帮助的：想象一下，我可以在你最恐惧的时候和你说话，问询你认为会有什么发生在自己身上。你当时的回答会是什么？或者，如果我能够听到你的想法，就像在广播节目中听到你的想法一样，在惊恐发作的高峰期，我会听到哪些具体的想法？

_____

_____

惊恐发作的核心恐惧通常是关于一些灾难的，你担心惊恐会对你做什么？如果你像大多数人一样，你可能经历过不止一次的灾难性恐惧。

1. 找出你经历过的几种灾难性的恐惧，并尽可能具体地将你遭遇的恐惧列在下面。

_____

_____

2. 如果你认为自己即将死亡，你认为死亡的原因是什么？验尸官会在你的死亡证明上写上什么死因？

_____

_____

3. 如果你认为你即将以一种不受控制的方式行事，那么你认为自己可能会做什么？

_____

_____

4. 你认为自己的这种不受控制的行动会对你、你身边的人以及你的亲朋好友造成什么后果？

_____

_____

5. 如果你担心自己会晕倒，那么你认为接下来会发生什么？你认为晕倒的后果是什么？

_____

_____

6. 如果你认为自己会出丑,那么你担心人们此后会如何对待你?

_____

_____

7. 这些后果将如何影响你的生活?

_____

_____

8. 这些影响是永久性的还是暂时性的?

_____

_____

惊恐发作后,你实际上经历了什么?你所担心的上面列出的结果发生了吗?

你的其他恐惧还有哪些呢?请在下面的表格中写下你上面列出的每一种恐惧,并在"是"或"否"上打勾,以表明这些恐惧是否发生过。

恐惧	是	否

你有"是"的答案吗?如果有,你需要进一步回忆。比如,如果你在惊恐发作时晕倒且完全失去了意识,那么需要进一步核查与医生的诊断。

如果你觉得自己快要晕倒了,但没有失去意识,那么这完全是另一回事。这是一个非常常见的惊恐症状。我问的是实际发生了什么,而不是惊恐发作让你感觉如何,或者你认为"差不多"发生了什么。

同样，如果你晕车的时候呕吐过，那么你需要在乘车的时候为晕车做好准备。如果你曾经有过感觉要呕吐，但实际上并没有呕吐的情况发生，那么你有可能是胃痉挛的问题，或者也许是呕吐恐惧症，即对呕吐的恐惧。你应把它当作是一个焦虑的问题，而不是呕吐问题更合适。如果你经常晕车呕吐去看医生，医生也没有一个好的解决方案，那么就在你的车上放一个像飞机上用的可以装垃圾的那种袋子。

有时人们因恐惧症发作而感到非常羞愧，以至于影响了他们记住这件事的方式。我记得有一位年轻的女士，当她在候诊室惊恐发作时，她对自己在医生办公室"踢门"的记忆感到非常的羞愧。她最终向接待员询问了此事，发现不但她踢的那扇门还在那里，没有任何损坏，而且当时并没有人注意到这件事。然后，她又想起了自己曾用脚挡着门不让它因惯性而关上，但这与"踢门"相差甚远。如果你的"是"的答案确实是你因为没法控制自己而做出了让自己难堪的事情，那么请回答下面这些问题：

1. 你冒犯了谁或惊吓到了谁，现在那个人对你是否另眼看待？

_____

_____

2. 如果你在某些重要方面失控，那么后果是什么？

_____

_____

3. 你的哪些朋友、同事和家人会因为你在恐惧症发作期间的行为而与你断绝往来？

_____

_____

几乎每个人对这些问题的回答都是"没有人"和"没有"。如果你的回答不一样，我建议你与专业治疗师聊一聊。

现在我要问的是关于惊恐发作对你造成的最坏的影响。回顾一下你经历过的最严重的惊恐发作，除了把你吓得够呛之外，还对你造成了什么影响？

在你开始写之前，我解释一下我不是在要求什么。有时人们在回答时，告诉我他们经历了哪些恐惧的症状，比如，心跳加速、出汗或喘不过气来。我知道当惊恐发作时，你会感到非常害怕，但这不是我所要问的。我问的是惊恐发作对你的实际影响，而不是你有多害怕或恐惧会以什么形式出现。人们经常说"我差点晕倒"或"我感觉我要把车开到河里"之类的话，他们认为自己只是勉强避免了一场灾难。现在我不是在问你认为会发生什么，或者你认为"差一点"发生了什么，我想知道实际发生了什么。

有时人们的回答是告诉我他们对惊恐的反应造成的问题。

其中的回复如下：

- 我开始喝更多的酒了，现在我可能有酗酒问题。
- 我连续几天请病假，现在我经常翘班。
- 为了预防惊恐再次发作，我不再在高速公路上开车。
- 我变得如此害怕，以至于我很少离开家。
- 我因为待在家里而感到沮丧和孤独。

这些都是重要的问题，是你在努力康复过程中需要解决的问题。但请注意，惊恐发作并没有给你带来这些问题。这些问题是在你试图避免再次发生惊恐发作时产生的。这些问题是你试图保护自己不受惊恐发作影响的结果，保护是对惊恐发作的消极反应。

慢慢思考这些问题，不要急于回答。

惊恐发作对你造成的最坏的影响是什么？

如果你像大多数恐惧症患者一样，那么就很难回答这个问题。大多数人无法确定恐惧对他们造成了什么影响，除了像一些人所说的那样，惊恐发作"把我吓得半死"。

惊恐发作是一种可怕的经历，使你充满了可怕的恐惧，使你相信你熟知的生活状态即将结束。但惊恐过后，结果证明什么也没有发生。你感到尴尬和忐忑不安，但你所担心的可怕事情，比如死亡或精神错乱，可能都没有真正发生在你身上。

人们常常担心恐惧会使他们"失去对自己的控制"，并以某种危险或疯狂的方式行事，让我们来评估一下。

在惊恐发作期间，你做过的最失控的事情是什么？

你这样做的结果是什么？

如果你在惊恐发作期间做了一些危险或有害的事情，那么就应该认真对待。建议你与接受过治疗焦虑障碍培训的专业治疗师一起复盘一下。

但是，如果你有的只是关于做一些可怕的事情的想法，而没有做任何这样的事情，那么也许你的想法只是焦虑的夸张症状，而不是对任何事情的有用预测。

你想以哪一个为指导，你的想法，还是你的实际经历？

让我们把这个问题再往前推一步。任何时候你都要处理对安全的担忧，并且要彻底。从各个角度审视情况，看看你是否处于危险之中。

你可能有一些想法，为什么你担心的灾难没有发生？不要关注这些理由是否看起来合理。写下所有你想到的理由，无论这些理由是否符合逻辑。

你为什么没有遭遇大的灾难？你把你的失败归因于什么？快要死了、发

疯、晕倒、被你所有的朋友拒绝或者出现你所担心的任何可怕的结果是什么？

_____

_____

典型的回答包括：我没有（快要死）（发疯）（晕倒）（抓狂）（在冲出门外时脱掉衣服并在冲出门外时把他人撞倒或以其他方式失去对自己的控制），因为：

1. 我很幸运。
2. 我走得很及时。
3. 我分心了。
4. 我的支持者和我在一起。
5. 我把惊恐赶跑了。
6. 我有我的孩子在身边，我知道他们需要我。
7. 我给一个朋友打了电话。
8. 我喝了一杯凉水。
9. 我随身携带了我的抗焦虑药，知道如果需要，我可以服用。
10. 我的宠物（情感支持动物）舔着我的手，它可爱的样子分散了我的注意力。

看看你的回答吧。有哪个回答能真正阻止死亡、精神错乱或不受控制的不当行为？

大多数人回答的理由没有拯救他们，也不可能拯救他们。这样一来，他们忽略了没有什么能真正拯救他们的事实。他们不需要被拯救，因为他们并没有处于危险之中。他们被吓坏了，便以为恐惧意味着危险。根据我的经验，他们没有想到的解释是：恐惧根本没有能力让这些事情发生。

其实，人们以为能保证他们安全的那些东西是非常不可靠的。比如，当人们把自己的生存归因于运气时，实际上这会使他们更加焦虑。为什么呢？因为他们认为人的福气是有定数的，而他们在刚刚的那次惊恐发作中已经损失了一些，于是担心自己的福气会很快消耗殆尽。

所有其他的原因也是如此。如果我的支持者下次不在我身边怎么办？万一我忘了带抗焦虑药怎么办？如果我的水瓶漏水了怎么办？当你认为你的生存依赖于其他人或物品时，这会使你更加焦虑和缺乏安全感，因为你担心下次需要他 / 它们的时候，他 / 它们可能不在你身边。

这一点非常重要。注意到惊恐的焦虑的一面，并学习如何利用焦虑将让你在自己的康复之路上迈出一大步。恐惧只是让人害怕，仅此而已。它似乎暗示着可怕的事情即将发生，但可怕的事情从未出现。这是一种焦虑症，不是死亡症，也不是昏厥症，是一种错觉。

一个值得深思的问题

当你意识到自己被自己的感觉欺骗时，你的感受是什么？简要写下你的反应。

———————————————————————————————————

———————————————————————————————————

这是个好消息——你被骗了。被骗的感觉可能让人感到很懊恼，但更重要的是，你没有破损也没有产生缺陷。你既没有危险，也没有妄想。你被自己的感受欺骗了，就像你在沙漠的公路上开车时可能看到海市蜃楼一样。

产生幻觉是一个可以解决的问题。

03

恐惧症如何欺骗你

. . .

回想一下你对恐惧有任何了解之前的那次惊恐发作，你的第一次。你可能会对那些记忆产生一些不舒服的反应，在回答这些问题时，让自己去感受这种不适，而不是挣扎。

你的第一次惊恐发作是在哪里发生的？

第一次惊恐发作通常发生在日常生活中，在你以前参加过的活动中和去过很多次的地方。也许你正在熟悉的高速公路上开车、在商场购物、在员工会议上或准备登机时，这些日常的琐事以前经常做，但是这一次，不同的事情发生了，你开始感到强烈的恐惧且非常害怕。

适应恐惧症的发生

如果你有惊恐障碍，你可能记得你的第一次惊恐发作，因为是突然发生的，而且你最初很可能感到困惑，你想知道是什么在吓唬自己。如果你患有特定恐惧症或社交恐惧症，那么你可能不记得自己第一次所经历的，因为你已经习惯了你害怕的那个特定的物体或情景。

你对害怕的感觉有什么反应？

当感到害怕时，我们通常有几种本能的反应。一种是把恐惧当作危险的信号，并保护自己。这是一个相当普遍的假设：如果我害怕了，那么我就处于危险之中。

另一种是期望知道自己在害怕什么。如果你患的是特定恐惧症并伴有惊恐发作，比如怕蛇或恐高，那么你可能会立即寻求自我保护。但如果你患有惊恐障碍，你可能不知道第一次惊恐发作时自己在害怕什么。

当你患有惊恐障碍，第一次惊恐发作，并且你意识到自己非常害怕的时候，你可能会环顾四周，看看自己在害怕什么。如果你在购物时闻到烟雾的味道，你就不会浪费时间去想"为什么"会害怕，你会忙着冲出商场，避开火场。但你所看到的只是日常的驾驶、购物、员工会议或登机口。你没有看到任何看起来有威胁的东西，但是你很害怕，而且不知道为什么害怕。

如果你和大多数人的感觉一样，那么情况就不怎么好了。因为我们通常在害怕的时候想知道自己究竟害怕什么，可是当你环顾四周，却没有看到任何潜伏的危险。你会有害怕的感觉，当时害怕却不知道自己具体害怕什么。

你是如何尝试解决这个难题的？

上面的回答可能表明，你猜中了。你快速地、自动且无意识地做出了最恰当的猜测。你没有看到周围有任何明显的危险迹象，但是你却非常恐惧。

哪里是你可以寻找到的无危险之地？

你无法看清自己的内在。

这可能就是你猜到的问题所在。

这就是惊恐障碍患者在第一次惊恐发作时的自动猜测。如果我非常害怕，而且我没有看到周围有任何危险的迹象，那么危险一定在我的体内。也许我正在死去，也许我快疯了，也许我就要窒息、晕倒或者崩溃了。

因为你是在压力下且如闪电般迅速地做出的猜测，所以你后来只记得你感觉到了正处于灾难的边缘，就是你在回答上一章的问题时提到的灾难。

人们做出的这种猜测是根据自己在惊恐发作时感觉到的症状做出来的，是合理的猜测。当时确实看起来好像有什么灾难性的事情正在发生。但事实并非如此，人们被欺骗了，人们猜错了。惊恐发作时并没有人们所担心的任何事情发生。

没有人在第一次惊恐发作时做出如下的猜测：

"哇，瞧瞧！在这里，在没有任何危险的情况下，我正经历强烈的原始身体恐惧，我讨厌这种情况的发生！"

我怀疑是否有人会做出这种猜测！如果你能如此轻易地看穿，那么就不算是什么把戏了！但这正是惊恐发作时的情况：在相对没有危险的情况下，你会感到害怕。

通过这种方式，恐惧会诱使你试图保护自己，而你越是试图保护自己不受恐惧的影响，你的麻烦就越大。

晕倒怎么办？

晕倒是惊恐发作期间最常担心的结果之一。但在惊恐发作时晕倒的情况极为罕见，其原因如下。

你知道什么原因导致一个人晕倒吗？在这里写下你的答案。

_____

_____

读者须知：如果你对这些想法很敏感，仅仅阅读这些细节就可能使你感到不舒服，那么请暂停一下，环顾房间，找出一些普通的物件，缓慢呼吸，然后继续阅读。

晕倒是因为血压突然大幅下降引起的。不管是什么原因导致的血压下降，身体中最有可能出现供血不足的部位是你的大脑，因为大脑处于人体最上端。大脑需要稳定的高含氧量的血液供应，如果血流不畅，它就会受损，这就是极低血压的问题所在。

晕倒是身体在血压下降时的自我保护反应。晕倒远不是一种灾难，如果大脑没有得到足够的高含氧量的血液，那么晕倒可以起到保护作用。如果身体不能为大脑提供足够的血液，那么晕倒会使血液流到大脑。如果我们的大脑在自己的脚下，就永远不需要晕倒了！

我有几个来访者，他们都有惊恐发作时晕倒的实际经历，都患有体位性直立性心动过速综合征（POTS），这种病会在恐惧时引起晕倒。如果你是一个 30 岁或 30 岁以上的成年人，患有这种病，也有过晕倒情况的发生，而不仅仅是"差不多晕倒"，那么你必须学会管理晕倒，而不仅仅是害怕晕倒。

如果没有这种病症，那么在惊恐发作时晕倒是极其少见的。如果你是一个成熟的成年人，有很多次"差不多晕倒"，但实际从未晕倒过，那么你可能只是没有具备导致你在恐惧中晕倒的生理条件。

是什么原因使得人们对晕倒的恐惧如此之多呢？感到头重脚轻、头晕目眩是恐惧的一个常见症状，也是导致人们认为他们即将晕倒的原因。即使是那些一生中从未晕倒过、不真正了解晕倒感觉的人，也会很快猜到头重脚轻意味着他们即将晕倒。

这是一个合理的猜测。但是如果一个成年人有很多感受这些感觉的经验，却没有晕倒反应的经历，那么认为头重脚轻就是晕倒便是错误的。你不是即将晕倒，头重脚轻、头晕目眩通常意味着你的呼吸不畅，也许你在过度换气、憋气或者从你的胸部开始呼吸非常短而浅。这样的呼吸方式会导致你呼出比平时更多的二氧化碳，从而改变了你血液的 pH 值，导致释放到你大脑的氧气略有减少，并引起头重脚轻、头晕目眩的感觉。但只要大脑能获得充足的氧气，便不会对你造成伤害。不过，这样呼吸是非常不舒服的，这就是为什么我在"09"章节建议进行深呼吸练习的原因。

血液恐惧症

读者须知：如果你没有受到血液恐惧症的影响，那么可以跳过本节。

我有几个患有惊恐障碍和血液恐惧症的来访者，他们与其他患有惊恐障碍的人一样有惊恐发作的经历——经常担心自己会晕倒，但从未晕倒过——而且他们在某些场合看到血液或准备打针时也有晕倒的经历，并完全失去了意识。

血液恐惧症的正式名称是血液—损伤—注射恐惧症，因为人们可能害怕血液，可能害怕注射和输液，可能害怕其他医疗服务或者害怕受伤。患有血液恐惧症的人害怕看到血液、打针或者目睹身体受伤，他们在这些情况下可能会晕倒。如果你患有血液恐惧症，需要打针、提供血样或就读医学院，那么这会让你的生活变得复杂。

患有惊恐障碍和血液恐惧症的人常常发现晕倒会令人困惑、不安。下面是这两种病症不同之处，以及如何区别治疗。

在注射或抽血过程中晕倒的人通常认为他们晕倒是由于焦虑，这导致他们认为，在没有任何与血液有关的情况下，他们也可能在惊恐发作时晕倒。事实并非如此！了解每种疾病的"发病过程"，你就会知道其中的原委。

患有惊恐障碍和血液恐惧症的人在看到血液时很可能会晕倒，而在惊恐发作时和其他人一样不太可能晕倒。大多数惊恐障碍患者起初很难接受他们对晕倒的恐惧不会导致晕倒的事实，而对有血液恐惧症晕倒史的人来说更难接受和处理此类恐惧和恐惧带来的感受。

幸运的是，这两种情况之间有一条相当明确的分界线。惊恐发作时，极不可能晕倒，但对于血液—损伤—注射恐惧症患者来说，在适当的条件下是很可能晕倒，这一切都与血压有关。

这里有一个小背景知识。

正如我上面提到的，晕倒是由血压突然大幅下降引起的。这是一种自我保护的反应，而不是一种灾难。

人有一种习性，当看到血液时，我们的血压会下降一些。这是好事，因为你无论何时看到血液，都有可能看到的是自己的血液！如果是自己在流血，血压降低让血凝结得更快，这样失血更少，感染的风险也降低了。

血液恐惧症患者看到血液（或护士手中的针头）时，血压会下降到正常值以下很多。当血压下降到难以使大脑保持良好的血流时，往往就会发生自我保护性昏厥，这对他们来说是好事。

血液恐惧症的治疗方法是在你可能看到血液的情况下，手动提高你的血压（用肌肉张力）。

如果你同时患有惊恐障碍和血液恐惧症，你可能会发现自己经常感到在惊恐发作时"仿佛"要晕倒，但却没有失去意识。而且，当你看到血液时，如果你不使用肌肉张力技术，你很可能会晕倒。这两种情况不会同时出现，只是看起来是这样的。

因此，这两种疾病的治疗方法是不一样的。惊恐障碍的治疗方法是使用本书中的暴露方法，接纳惊恐症状并和它待在一起，而不是用自我保护的方式与其对抗。对血液—损伤—注射恐惧症的治疗更多的是一种管理技术——当你处于可能看到血液、打针或看带有插图的医学教科书的情境中时，你可以通过绷紧主要肌肉来提高血压。

如果你确实有血液恐惧症，这里有一个绷紧你身体大肌肉的方法，以防止你在看到血液和注射时晕倒。

应用张力技术

以下是由拉斯·戈兰·奥斯特开发的应用张力技术的一个版本。

- 坐在一张舒适的椅子上，背部挺直，上身直立。

- 尽可能绷紧腿部、臀部、腹部、手臂、胸部和肩部的肌肉约 15 秒钟。你可能会感到脸部或头部发热——很好。如果你感到头部有不舒服的紧张感或出现头痛，就别让你的面部和颈部肌肉参与这个动作。

- 将你的身体放松到一个平常的状态，就像你坐着处理普通事务时的样子。不要试图完全放松，保持 30 秒钟。

- 重复以上两个步骤 5 次，需要大约 5 分钟。

- 每天练习 5 次，持续两周去适应。在不同的地方、不同的椅子上练习，为在必要时使用这个方法做好准备。

在等待注射或抽血时使用这个方法。在注射或抽血之前，请告知医务人员你有血液恐惧症，想做 5 分钟的张力运动。询问医生在哪只手臂上打针，并放松那只手臂，绷紧你身体的其他部位，让你的身体在注射前恢复到正常状态。

恐惧与危险

人们往往认为惊恐发作意味着他们的身体或精神出了大问题。但事实上，你的身体或你的思想没有任何问题。当你没有任何特别的危险时，你一直经历着所有这些恐惧和感觉。是的，肯定有什么出了问题。你不断经历这些恐惧和感觉，而你并没有处于任何特定的危险之中。因为担心会惊恐发作，你可能会回避很多普通的、有价值的、令人愉快的活动。在你不需要保护的时候，你却试图保护自己，这些都是问题。但是你的身体和大脑没有任何问题，你没有生病、没有濒死、没有疯或者半疯。你只是被骗了，就是这样。

当你被骗时，你会在呼吸、肌肉、心跳、肾上腺素的分泌、消化道等方面体验到真正的生理恐惧，这是真实的事件，不是想象出来的。有人出于好意，为了让你安心，可能告诉你"这都是你想象出来的"。但这并不是真的，恐惧是真的。问题可能是，你没有遭遇真正的危险，你在经历着真正的恐惧。

你在思考时又面临这样的假设，"如果我害怕，那么我就有危险"。恐惧往往是一个有用的信号，可以警告我们有危险，并让我们振作起来保护自己。但是当你没有任何危险时，感到害怕也是很正常的，就像汽车警报器常会在没有盗贼的情况下响起一样。

设想一个情境：某人清楚地知道自己没有任何危险，但仍然会非常害怕。

人们经常用别人的恐惧来回答上面的问题。有人害怕开车但没有恐高症，他们会选择"恐高"作为答案。有人怕狗，但不介意开车，会选择"开车"作为答案。这是因为我们总是认为别人的恐惧比较容易。

但我想说的是，在某种情境下，即使你清楚地知道自己没有危险，但实际上你也会害怕。一个恐惧症患者，无论多么不可能，都不会真的确定他们没有危险。在遇到恐惧的对象或情况时也是如此。

再试一次……

如果你想到了一部恐怖电影或者恐怖书籍或恐怖的游乐设施，就可以得到加分。恐怖电影的存在指出了关于我们的身心如何工作的一些非常重要的东西。

恐怖电影和暴露治疗

也许你是一个恐怖电影粉丝，也许不是，这并不重要。对我们来说重要的是要注意到恐怖电影是如何制造恐怖的。

思考一下恐怖电影行业是如何做到让观影者恐惧的。某公司计划制作一部恐怖电影，他们找到剧本，雇用制片人、导演、演员和其他工作人员设计声音、图像、情节和人物来欺骗你、吓唬你。恐怖电影业内人士都是吓唬人的专家，他们让你看电影的时候哪怕只是坐在那里吃爆米花和喝汽水也会感到恐惧。

某公司制作恐怖电影的唯一原因是那是他们的工作。人们会被可怕的电影吓到，并为这种恐惧买单！人类是一个光看图片就会害怕的物种。如果我们没有能力知道自己在没有任何危险的情况下感到害怕，也就不会有任何恐怖电影产业。恐怖片大导演斯蒂芬·金可能就只是《好管家》杂志的一名抄写员了。

恐怖电影在你没有任何危险的情况下欺骗你，让你感到害怕。恐怖电影欺骗了你，就像惊恐发作欺骗了你一样。

假设你为了找一部好看的恐怖电影，你会阅读这部电影的广告和影评，你和你的朋友在选择上达成一致，都希望能得到物有所值的恐惧！你们在市场上的特许经营摊位前停下来，买些零食，然后走进电影院，找到自己的座位，紧张地聊天。灯光暗下来，正片放映前有广告或电影预告等。

在这一切准备就绪之后，你却害怕了！即使在自己舒适且方便的家中播放电影，你也会害怕。你知道自己没有任何危险，但这并不重要。你经历了身体和精神上的不适，你的反应就好像那是危险一样。

也许你屏住呼吸，坐在座位的边缘，身体绷紧，你感到闷热，心率加快，你知道自己在害怕。你试图以某种方式让自己不那么害怕，但好像做不到。

但你可能会说，这是有区别的。那些人被一部恐怖电影吓坏了，可是当你惊慌失措的时候你并没有在看电影。但是从某种真实的意义上来说，你是在看电影。你心中有自己的电影院，你制作的恐怖电影甚至比好莱坞的恐怖大片更能有效地欺骗自己，让自己害怕。

更重要的区别是，惊恐发作的恐惧不是患者想要的经历，而电影观众的恐惧是观影人自愿选择的经历。电影中的恐惧会在片刻或几小时内过去，而惊恐障碍的患者如果不学习如何化解，其恐惧感可能会伴随一生，但其中的机制是一样的。

你体验到了不适，但却把不适当成了危险来应对。

有时，观影者获得的恐惧感比他们想要的更多，然后他们试图减少这种恐惧感。试图在电影中减少恐惧感的观影者会使用与试图平息惊恐发作的恐惧感的人相同的策略。有些观众会非常害怕，以至于逃离剧院——这就类似于恐高症，逃离可以减少恐惧。但通常观影者和朋友一起去的，他们不想在电影结束前离开，因为可能大家在观影结束后会一起坐同一辆车或者还有共同的计划。大多数受惊的观众为了充分降低自己的恐惧感，他们选择和朋友待在一起直到电影结束。

他们会怎么做？

- 闭上眼睛，捂住耳朵，试图屏蔽那些可怕的信息。
- 通过查看手机、玩游戏或发短信来分散注意力；狂吃爆米花或环顾四周的观众。
- 做一些认知重组，告诉自己"这只是一部电影"。
- 抓住扶手或者如果坐在旁边的人是一起来的，也可以抓住他。

这些反应通常不会消除所有的恐惧，但往往能适当减少恐惧，使观影者可以看完电影。他们并没有真正享受电影，他们"度过了"这部电影，这就是他们想要的。当你感到恐慌时会做哪些事情呢？当你惊慌失措时，你觉得需要留在原地吗？

也许你正在和你孩子的老师开家长会，和你的老板讨论一项任务或者和你觉得很有吸引力的人进行第一次约会，你怎么做才能"度过"这种恐慌？

人们经常以各种方式分散自己的注意力；找借口短暂离开，同时试图"冷静下来"；甚至自己不怎么注意，却不断点头同意对方所说的内容。这些反应也不会消除所有的恐惧，但往往能适当减少恐惧，让你留下来直到会议结束。你没有真正全身心地投入到会议之中，你可能忙于分散自己的注意力，以至于你没有太注意会议。你只是"开完了会"，同时希望对方没有意识到你正在分散自己的注意力。

当事情结束时，你会感到松了一口气，但随后可能会预感到下次会有更多的麻烦，便不太愿意去开会、会面或约会了。这样一来，恐惧感会越来越多。

"度过一部电影"并没有什么大错，因为没有一部电影会那么重要且非要仔细观看不可。如果有人决定一辈子不看恐怖电影，那么他们可能也没有放弃任何重要的东西。

但是，当你依靠分心、借口和其他安全行为来分散注意力时，你是在试图"度过"你的人生，这就是人们想要克服惊恐发作的原因。"度过"你的人生不是一种策略而是一种悲哀，这种生活态度让你放弃了充分利用你的时间和机遇，放弃了尽可能多地实现自己的希望和梦想的机会。

幸运的是，一旦你发现恐惧的来龙去脉，你就可以克服惊恐发作。

假设有一部电影真的吓到了你，而你有一个很好的理由，希望能够在观看这部电影的时候不至于感到如此不知所措和恐惧。你会怎么做？

你想到的是什么？

人们通常会列出旨在压制恐惧的反应，并转移对恐惧的关注。这可能包括看恐怖电影时快进跳过恐怖的部分或在这些时刻关闭声音；在看电影时用游戏或宠物分散自己的注意力；用酒精、药物等平静自己的情绪；与朋友一起看，朋友会握着你的手，告诉你什么时候不看，等等。

以上反应将帮助观影者"度过"这部电影，但没办法让观影者在观看恐怖电影时不产生恐惧。要想观看恐怖片时不产生恐惧，观影者必须采取不同的对策。

也就是说，不跳过恐怖的部分，一遍又一遍地观看那部电影，直到其失去干扰你的力量为止。你是否有疑问，如果你经常看这部电影，它就会变成老电影，从而失去干扰你的力量。即使是喜欢恐怖电影的人也会发现，曾经他们最喜欢的恐怖电影在看了很多次之后也觉得没那么吸引人了。这就是你可以选择的路。与你害怕的东西待在一起，直到你害怕的东西失去恐吓你的力量，而不是去抗拒。

这就是我们所说的暴露治疗。

反抗、逃跑和站着不动

交感神经是中枢神经系统的一部分，主要负责让你准备好面对如老虎或草原大火那样突如其来的危险。惊恐发作的躯体症状是交感神经系统的产物。

惊恐发作的症状与你的身体提醒你注意危险并给予身体能量来应对时的复杂且自动的身体反应是一样的。你的身体提醒自己应注意危险，并为你提供身体能量来应对危险。

我们的身体是一个古老的模型。在我们的身体进化时，我们面临的主要危险还是那些把我们视为食物的大型捕食者。尽管从那时起我们的世界已经发生了很大的变化，但我们的身体仍然会以同样的方式对危险做出反应。

当我们的身体收到一个"危险"信号时，会以三种方式做出反应：让我们准备好进行博斗、逃亡或者采取不太为人所知的对策——站着不动。那么是哪一种方式呢？这取决于当时的情况。如果我的攻击者看起来比我小或弱，我就会战斗；如果敌人更大、更强，但速度较慢，我就会跑开；而如果我面对的是一个看起来既强壮又比我迅速的掠食者，我可能会站在原地，屏住呼吸，希望它没有那么好的视觉（或嗅觉）——那就是站着不动。

如果你仔细想一想你在惊恐发作时经历的身体症状，你可能会发现，大多数症状都是为了适应一定的危险情况。这些身体症状以这样或那样的方式帮助你在遇到捕食者时生存下来。

想象一下，你是一个史前洞穴居民，坐在篝火旁，烤着乳齿象的肋排，这时一只 900 磅重的剑齿虎突然出现，它的眼睛在火光中闪烁着邪恶的光芒。现在要做出选择了，你是从火中抓起一根燃烧的树枝挥舞着冲向剑齿虎，希望它能被吓跑，还是转身就跑，希望能到达附近的河边游向安全地带呢？又或者你可以站在原地不动来逃避剑齿虎的注意，希望它能满足于抢走你的烤肉便转身离开？

你并没有像从菜单上选择主菜或考虑购买汽车时那样有意识地"思考"这些选择。你用大脑皮层做这件事，大脑的这部分负责处理有意识的且刻意的思考。一般来说，大脑能做出好的选择，但速度很慢。对于处理紧急情况来说，大脑反应太慢了。当你大脑中的杏仁核部分检测到紧急情况时，实际上它便"接管了"整个大脑（这被称为"杏仁核劫持"）。你的这部分大脑做出决定的速度会比大脑皮层快得多，我们以后会更多地谈及杏仁核。但现在，请注意你的杏仁核会很快接管你的反应。因为杏仁核是在你的意识之外进行工作的，所以你最先知道这个决定的时候是你发现你的手臂抓住了树枝，或者你的腿已经做好了准备跑的姿势。在这样的紧急情况下，你会不自觉地做出反应，因为速度让你有更好的机会活下来。

在此期间，你的身体正忙于准备战斗。你就像个短跑运动员，心率会加快，呼吸变得又短又浅，你的肌肉需要氧气获得力量。肾上腺素激增给你的身体带来额外的能量进行战斗或逃跑。当血液从你的胃部转到身体更重要的部位，比如你的大脑和心脏时，你会感到消化道的痉挛和不适。当你试图避免成为猛兽的口中之食时，用能量来消化自己的食物没有任何意义，最好把能量留给战斗或逃跑，以后再做消化。这些能量的产生让你汗流浃背，皮肤温度也会骤降。汗水也使你变得湿滑，更难被猛兽抓到。

所有这些症状都是人类长期进化而来的快速、复杂的身体反应。这在一个危险的世界中可最大限度地提高你的生存机会。你的身体拥有多么精细的机制啊！为了保护自己免受捕食者的伤害，你的身体可以在一瞬间做出应急反应。

只是有一个问题。

你在商店罐装果汁货架旁边或在员工会议上或在高速公路上开车，这里没有剑齿虎。然而，你的身体不但没有失去对这种威胁生命的紧急情况做出反应的能力，还会在最不合适的时候被诱导出这种反应。

我多年前收养的救援犬遇到了同样的问题。有这样的狗真好，当陌生人靠近你的房子时，它会吠叫。但如果这只狗也对隔壁的孩子吠叫，那就麻烦了。这就需要训练狗去区分孩子和小偷。同样如果你受惊恐发作的困扰，你的大脑也需要训练。

狗看到孩子们在玩耍，误以为是小偷来了。你感到不舒服，误以为有危险。狗需要接受训练，要能识别儿童的主要特征（矮小、高声、大眼睛、没有枪或撬棍），以区别于盗贼。你需要训练，以便更好地分辨不适和危险。

肾上腺素英雄会

你是否看过或听过对曾做出过英雄般壮举的人的采访。比如，从燃烧的建筑物中救出一个人。他们总是说同样的话——他们并不感到特别害怕或勇敢—— 他们甚至想都没有想—— 他们只是做了自己必须做的事。

他们有所有的能量——肾上腺素、血液流动的变化、呼吸的变化——他们使用了这些能量，却没有特别注意到这些能量的影响，也没有注意到这些能量的作用，也没有去做任何思考，他们太忙于处理紧急情况了。

如果他们或你在一个没有明显的紧急的情况下体验到这种能量，比如，拥挤的超市或等候室，那么这就完全是另一回事了，那将是一种惊恐发作。

骗局中最棘手的部分

骗局中最棘手的部分，让人感觉像蜘蛛网中的虫子。帮助你应对危险的反应与帮助你应对不适的反应几乎是完全相反的。

如果你面临的问题是危险，你需要保护自己，你可以用战斗、逃跑或站着不动来达到目的。但是，如果你面临的问题是不舒服，并为此而烦恼，那这么做只会让你更不舒服。处理不舒服的方法是冷静下来，采取等待和观察的态度，给不舒服时间以自行恢复。

克莱尔·韦克斯（Claire Weekes）博士是一名澳大利亚医生和作家，因治疗恐惧和焦虑而闻名，她将此描述为"漂浮"在恐惧之中。

当你的身体对错误的信号做出反应时、当你被骗把恐惧当作是危险时，你就会做所有让惊恐发作持续时间更长、更严重的事情。当你的身体准备好面对一个不存在的危险时，这些努力会让你感觉更糟。

以下是几个来访者在描述他们为恐惧而烦恼时告诉我的。"尽管我做了最大的努力，但我的惊恐一直在加重"。这是一种令人沮丧的情绪，而且如此发自内心。究其原因，是人们的一些错误的观念。

尽管他们尽了最大努力，恐惧并没有消退。情况变得更糟是因为他们的最大努力，其中包括许多对抗和逃离体验恐惧的方法。这些努力确实让人感觉更糟。人们被骗去做一些他们认为会有帮助的事情，但却越来越糟，这会引导我们找到一个令人惊讶的经验法则。我们将在"10"章节讨论这个问题。

放松，否则我就开枪了

下面我要讲的故事是我在专业治疗师举办的研讨会上经常讲的一个小的教学故事。故事基于最初发表在《接受与承诺疗法》上的一个想法，作者是史蒂芬·海斯、柯克·斯特罗萨和凯利·威尔逊。故事说明了为什么我们反对焦虑的努力总是把我们带到错误的方向。

一个我认识的男人带着枪来到我的咨询室，说："戴夫，我要你把这间办公室的所有家具都搬到等候室去，否则我就开枪打死你。"他说到做到。

我做了什么？

我把家具搬到等候室，然后我没有死。

一个星期过去了，那个男人回来了，带着同一支枪。他说："戴夫，我想让你唱《星条旗》——唱第一节就够了——否则我就杀了你。"

我是怎么做的？

我唱了《星条旗》，一切都很好（除了那些不得不听我唱歌的人）。

一周后，那个男人第三次来了。同样的人，同样的枪，而这次他带来了一个同伙。他的同伙推着一辆装满电子设备的手推车进来。该男子说："戴夫，我的同事有测谎设备。这是地球上最好的检测人类情感的电子设备。几乎是无懈可击的。"

"我打算让我的同事给你接上测谎设备，我只想让你放松，否则，我就开枪打死你。"

会发生什么呢？

麻烦大了。我死定了。

为什么会这样呢？为什么我可以搬动家具，唱起歌来，而在让自己平静方面却如此失败呢？原因很简单。支配外部世界的规则与支配内部世界的思想、身体、感觉和情绪感受的规则不同。

支配外部世界的规则是这样的：我越是努力，越是挣扎，就越有可能得到我想要的东西。如果我把目光投向一个目标并坚持下去，我就会增加我得到想要的东西的概率。

支配我的思想、情绪和身体感觉的内部世界的规则是不一样的。在我的内部世界中，我越是努力，越是与某些东西做斗争，就越有可能得到我不想要的东西。

这就是我和大多数凡人在想让自己平静的时候放松却无法做到的原因。我越是与我的恐惧做斗争，就越是害怕。

当你上当受骗时

你在一个阳光明媚的清晨醒来，心情很好，所以你决定尝试去一个通常不去的杂货店。你磨磨蹭蹭直到 10:45，希望届时交通会很顺畅，杂货店不会拥挤。在你准备离开家去杂货店的时候，你想是否应该等待一个更好的日子再去呢。但还是决定去了，因为你穿上了幸运衬衫，带着水壶和电话，不会有事。

当你开车去杂货店的时候，你想象杂货店人满为患。你试图阻止自己产生杂货店拥挤的画面，可画面就是挥之不去。于是，你更用力地握住方向盘，你记得自己上一次惊恐发作的情况，并做了一个小小的祈祷，希望今天不会有麻烦，希望这个祈祷会对自己有帮助。你担心自己在等红灯时会精神崩溃，所以你试图分散自己的注意力，选择唱一首歌并跟随音乐打着节拍。但是，你还是忍不住想，这会不会是一个不好的主意。你决定只是走入杂货店，看看自己的感觉如何。如果你觉得太焦虑了，就假装刚刚记起了自己将有一个约会（以防有人在看你），然后离开。

在停车场，离杂货店最近的一排车位已经满了，但你看到一个女人推着她的购物车走向那里的一辆车。你决定等待她的车位，而不是把车停在后面两排，以防你惊恐发作时，可以急忙赶回家。你咬紧牙关，绷紧肩膀，不耐烦地等着那个女人开车离开，而你后面已经排起了小长车队在等候了。她关上后备箱时瞥了你一眼，你想知道她是否认为你在做一些奇怪的事情。"我本可以把车停好后就进店的。"你烦躁地想。

当你进入杂货店时感到汗流浃背，头晕目眩。你记得自己应该做一次深呼吸，但是当你大口大口地呼吸时，你感觉比以前更糟糕，好像自己无法吸到足够的空气，而且胸部开始疼痛。你在想，应该从杂货店前面的陈列架上拿起一两件物品迅速离开，或者自己应该马上离开。

就在你犹豫不决的时候，有个人递给你一份免费报纸，问你是否愿意试订。你不想要这份报纸，但又不想伤害他的感情，所以当他喋喋不休地谈论这个提议时，你努力掩饰自己越来越多的焦虑。由于担心自己会晕倒，你四处寻找可以依靠的墙壁，但没有看到任何可以依靠的东西。你不想因为走到墙边而暴露你的焦虑，所以你绷紧自己所有的肌肉，祈求上帝让你保持直立。你的心怦怦直跳以至于过了一会儿才注意到那个人已经停止说话。你匆匆填写了本不想要的报纸的订阅表，然后迅速逃离了杂货店，嘴里还嘟囔着约会的事情。一出门，你就松了一口气，并发誓再也不去那家杂货店了。

隐喻式思考

你对恐慌的比喻或名称或标签是什么？

人们普遍认为自己的焦虑是一个凶猛的对手：恶魔或龙。

将恐惧视为敌人是很自然的。当我们希望恐惧远离时，它就会侵入我们的空间并引发人不安的反应；而且似乎威胁到我们的自由。

但把恐惧当作你的敌人是有问题的。

当我们视恐惧为敌人时，便会试图将其击退或逃离，因为这些是我们对付敌人的方法。

这些虽是对付敌人的好方法，但对付恐惧却不那么好，因为恐惧不是外在的敌人，而是一种内在反应。

当你认识到恐惧与其说是敌人，不如说是一种诡计时，你将启动一个通往全新的应对恐惧的一系列新的反应，这些反应将更接近于"漂浮"，而不是战斗，并且在处理恐惧时将比战斗或逃跑更有效。

将恐惧设置为一个隐喻往往是有所帮助的。最好的隐喻有助于提醒你在面对恐惧时应采取非战斗性的反应，而不是战斗性的反应。

04

安全行为：披着牧羊犬皮的狼

· · · ·

　　数以百万计的人经历过惊恐发作后的恐惧，但是他们没有死、没有疯，也没有失去对自己的控制。这是他们自己描述为"非理性"的部分——他们仍然对没有发生的灾难感到恐惧。

　　你可能已经知道这一点，尽管你可能对此感到不那么相信。

　　在一个人经历了 5 次、15 次或 40 次惊恐发作后，依然没有发生他们所担心的灾难。但他们为什么没有认识到惊恐发作并不危险，从而不再恐惧呢？他们为什么无法很好且自然地康复呢？

　　人们所担心的灾难并没有发生，但为什么没有呢？对这个问题的回答将告诉你很多你必须了解的。

　　人们不会简单地失去对惊恐发作的恐惧，然后继续自己的生活。因为他们被诱导着使用各种安全行为，让自己看不到真正发生的事情。

　　安全行为是人们希望能保护自己的对惊恐的特有反应。在来访者看来（有时在被误导的医务人员和治疗师看来），这些行为是有用的应对策略。但事实并非如此，安全行为是尝试性的解决方案，但一旦形成依赖，很快会变成大问题。

　　如果你真的面临当前的危险，保护自己是明智的。但是，在你没有危险的时候保护自己，就不是那么明智了。随着时间的推移，这种行为安全会使你更加恐惧。安全行为看起来在恐惧的时刻可能会有帮助，但实际上没有，就像披着牧羊犬皮的狼。尽管没有任何坏结果，但对安全行为的依赖是让你一直相信自己面临风险的原因。

这就是惊恐骗术的核心。惊恐会欺骗你，让你以维持和加强恐惧的方式行事。它不只是欺骗你一次或 100 次或 1000 次。惊恐诱使你改变自己的行为和思考方式，你希望这些改变会对你有所帮助，但它们却使生活更加艰难。这就是为什么人们发现"我越努力，情况就越糟糕"，因为他们所尝试的方法确实使问题变得更糟。

他们正在尝试用汽油灭火。如果你发现情况没有好转，那就要想想是不是方法有问题。你首先应该停止浇注汽油。即使你不知道还能做些什么，停止火上浇油也会有好处，然后你可以想出更好的办法来救火。

人们试图通过以下各种策略来保护自己，使他们的惊恐和恐惧症变得更加严重。

- 回避。
- 逃避。
- 保护性规则和仪式。
- 迷信。
- 支持物件（安抚物）。
- 支持者。
- 与恐惧做斗争。

你是如何努力防止惊恐症发作的？在此列出你的主要努力。

_____

_____

回避

回避你害怕的地方、物体和活动是某种恐惧的标志。恐惧使人们无法参加大多数人认为的平常活动。这些活动包括：

- 开车去拜访朋友或去购物。
- 带孩子去动物园或其他拥挤的娱乐场所。
- 在外面过夜。
- 在拥挤的咖啡馆与朋友共进午餐。
- 加入一个俱乐部或报名参加一个课程。
- 在员工会议上讲述一个项目。
- 去参加一个聚会。
- 去看医生。
- 在大型、拥挤的商店购物。
- 拜访养狗的朋友。
- 乘坐电梯或自动扶梯。
- 乘坐飞机、火车、公共汽车和其他公共交通工具。

你会回避哪些地方、物品和活动？

_____

_____

回避不仅仅是恐惧症的结果，也是恐惧症重塑和维持自身的方式。各种恐惧通过让你远离你所惧怕的事物而维持自己的存在。回避会：

- 阻止你发现关于你惧怕的任何新的东西，而这些东西可能有助于消除你的恐惧。
- 使你一直相信，如果你遇到自己所害怕的东西，灾难就会降临。
- 导致你更努力地去"确保"自己的安全，使你更加焦虑。

当避开你所害怕的东西时，你就不会知道自己遇到所害怕的东西时会发生什么事情。你会有一种如释重负的感觉，没有遇到麻烦，躲过了一劫。

通过避开害怕的情况得到的解脱，当时感觉很好，但也使你对未来更加焦虑，也更有可能再次回避。你得到了少量即时的缓解，但却一次又一次地为此付出了代价。你用长期自由换取片刻的暂时的舒适，这是笔不划算的交易。

逃避

有些人并不始终如一地回避他们所害怕的东西，他们根据当时的情绪来决定。如果被邀请去看电影，他们会说"到时候看看我的感受"，而这正是他们的意思。他们会在那天评估自己的情绪状态，或许是几次，看看自己能否应对恐惧。他们不会做出承诺，而是随时准备逃开。

甚至当他们快到剧院时，可能因为经历一些焦虑会转身回家。当他们的焦虑保持在很低的水平时，才会留下来看电影。如果感受到的焦虑超过了自己认为可以承受的范围，那么就会逃离电影院。

依靠这种方式逃避，加强了人们的信念，即这种情况或活动对他们来说是危险的，并阻止他们发现这样的信念，强化了焦虑和恐惧是危险的这一信念。

如果你有不舒服的焦虑感，你会经常逃避哪些情况、活动和物品？

保护性规则和仪式

人们发展出有趣的做事方式，希望能保证自己的安全，抵御恐惧。这些规则通常涉及部分回避或进入一个害怕的情境，通过回避一些他们害怕的关键因素以此受到保护。这些规则背后都有一些逻辑内核，因为遵循这些规则可能会给你带来一点暂时的安慰。但是，当你开始相信安全、理智和生存取决于这些规则时，你就会陷入更多的恐惧之中。

下面是一些典型的规则和仪式：

- 把购物时间限制在非高峰期，因为这时商店里的人比较少。

- 为了快速结账，购买少于 10 件的商品。

- 只在店内可以看到出口的地方购物。

- 避开需要左转的十字路口。

- 避开分叉的高速公路，只在当地道路上行驶。

- 驾驶时保持在右侧车道行驶。

- 坐在靠过道的座位，以避免被"困"在中间。

- 在教堂和剧院坐在靠近出口的位置。

- 只在附近有医院的地区开车。

- 在离家一定距离内停留，以确保能快速返回。

- 避开红灯。

你有哪些保护性的规则和仪式？

迷信

迷信是指人们认识到自己的某些信念不真实，但在"无伤大雅"的精神驱使下还是不得不相信。害怕坐飞机的人的一个常见仪式是，在登机时触摸飞机的表面，佩戴代表着幸福和好运的幸运符或穿上一件"幸运毛衣"。

狡猾的巫师

还记得《绿野仙踪》中多萝西在窗帘后面看到的那一幕吗？貌似无所不能的魔法师，其实是个小书呆子。"不要注意幕后的那个人！"他拼命地命令多萝西，因为当多萝西意识到魔法师是谁时，她就会失去对魔法师的恐惧，这也是你的恐惧症所要告诉你的。如果恐惧能阻止你看见恐惧背后的真相，那么它就能让你长期保持恐惧。为了让你持续恐惧，恐惧症必须欺骗你。只有系统且持续地打破这个骗局，你才能克服恐惧症。

我的来访者中有人不愿意再穿他们第一次惊恐发作时穿的衣服。有些人把衣服烧了或扔了，有些人把衣服压在箱底达数年之久。有几个人觉得自己有足够的勇气再次穿上那些衣服，但前提是他们要把衣服混着穿——裤子搭配不同的上衣，似乎是为了冲淡与这套衣服有关的厄运。这重要吗？还是无害？我认为这很重要，而且我鼓励你打破这些模式。当你遵循迷信的仪式，仿佛它们可以保护你，实际上你会更加脆弱，而这也会让问题更严重。

如果你走到一栋高楼的第 12 层，然后再往上走一层，就来到了第 13 层，但很多楼房都称之为第 14 层。因为太多的人对数字 13 迷信，楼主将这个因素考虑在内了。

患有恐惧症的飞行员往往认为在飞行前的几天里，如果对同伴特别好，会对自己有利，他们这样做是因为他们害怕坠机，并想确定上帝保佑自己。每次他们安全归来，都会把他们的生存归功于神的干预。这并不能解除他们的恐惧，因为上帝可能随时会改变想法。

你迷信吗？你迷信什么？

支持物件（安抚物）

支持物件是人们随身携带的东西，因为他们相信这些物品能帮助自己避免惊恐发作，或者在发生惊恐发作时保护自己。常见的支持物品有水瓶、电话、零食和亲人的照片等。我曾有来访者总在车里放一双跑鞋（以备逃跑时穿）；有的总在车里放一只水桶（以防"困在"车里时，呕吐、小便或大便时要用）；有的总是带着我的名片（如果他们最后进了精神病院，那里的医生可以给我打电话）。

看过电影《小飞象》吗？小飞象是一只会飞的小象——只要他把魔法羽毛捏在它的小鼻子里。有一天，它的羽毛掉了，在最初的惊慌失措之后，它知道自己没有羽毛也能飞。小飞象的羽毛就是一个支持物件。

你有支持物件吗？都是些什么？

_____

_____

有些支持物件只是为了抵抗焦虑，但许多支持物件有多种目的，而这往往会带来困惑。零食可以减少饥饿感和焦虑感，而水瓶可以减少口渴感。那么，来访者有时会问，为什么我应该把这些可以满足与焦虑无关的特定需求的东西留在家里？

一个物品成为支持物件的原因是，你带着它，至少有一部分是因为你希望这样能减少自己的恐慌和焦虑。即使这个东西可能有其他用途，但如果你把这个物品留在家里，那么就可以用此物品进行支持物件阻止恐惧的练习。

我曾有来访者，害怕开车，完全依赖他们车上的 GPS 设备。即使对路线了如指掌，也必须使用 GPS，因为 GPS 能预警堵车的情况。他们不能容忍自己被堵在路上，依赖 GPS 来保护自己不受交通堵塞的影响，但这却加强了对堵车的恐惧，使自己更加脆弱。

药物，特别是苯二氮卓类药物，可以成为支持物。许多人是这样服用苯二氮卓类药物的——他们随身携带，但实际上并没有服用。对许多人来说，只需看看他们的公文包，确认自己是否带着瓶子就足够了。这就是这些药物的好处——你不需要吞下药片便能获得缓解。

我有一个患有严重幽闭恐惧症的来访者，他最喜欢的娱乐活动是深海潜水。你可能想知道一个患有幽闭恐惧症的人怎么会喜欢这一项目。他每次潜水之前，都会在脚踝上绑上一个里面有苯二氮卓类药片的防水袋。想在水下真正吞下药片是不太可能的，但这并不重要！那个药片是一个支持物件。

情感支持动物不是训练有素的提供服务的动物，但它的陪伴让你感到更加舒适和自信。我不记得在写这本书的第一版时是否听说过情感支持动物，但现在情感支持动物是一个热门的且有争议的话题。

来访者问我，离家旅行时是否应该带着他们的情感支持动物，我不鼓励他们那样做，原因与我不鼓励他们在飞机上喝啤酒一样。在飞机上喝啤酒或带着情感支持动物，会让你更依赖饮料／动物，不太可能对自己的应对能力产生信心。

动物可以成为家中一个非常好的情感支持。在过去的 20 年里，我和我妻子养的狗就给了我们很多情感支持，但我不建议你离开家后还依靠宠物获取支持。

支持者

人们试图保护自己的另一种方式是依靠一个人的支持。支持物件，比如电话或水瓶，你带着它是因为它可以给你带来信心。支持物件和支持者之间有很大的不同，电话不会自己打出电话，你控制电话；支持者有自己的思想，你不能总是指望他们知道怎么做可以恰到好处地帮到你。

与人打交道比与无生命的物品打交道要复杂得多。为了更好地帮助惊恐症患者，"05" 章节提供了一些关于与支持者合作的建议。

与恐惧做斗争

人们害怕时会本能地抵制恐惧。就像一股要把他们吹翻的强风，有时他们把恐惧当作一种外部力量。他们让自己的身体僵硬，收紧自己的肌肉，屏住呼吸。这些努力没有让焦虑减少，反而使自己更加焦虑。

他们也抗拒自己恐惧的想法，试图忘记或者分散自己的注意力，如果这不奏效，他们就会与恐惧争论。这种争论可能会持续很长时间，摇摆不定，来回拉锯永远不会得到解决！让你更加不安！

一个在飞机上经历过惊恐发作的患者告诉我："没理由害怕啊！"一想到没有理由感到害怕，他就更加不安和抗拒。他相信既然"没有理由"感到害怕，那么就不应该感到害怕。所以每次感到有恐惧症状时，他就抗拒。一般来说，越抗拒，情况越糟，给自己带来的困扰也越多。

我告诉他，在飞机上感到恐惧是有原因的。他认为自己"被困在飞机上"是激发他恐惧的原因，这并不是一个好的理由，但也是一个理由，可帮助他看到"被困在飞机上"而带来的恐惧比抗拒恐惧本身对他的帮助更大。

有时人们通过直接向上帝发出请求来对抗恐惧。如果你是基督教的信徒，一个简单的祷告，请求上帝引导、给予安慰和力量，让你度过逆境，那是可以的。但很多时候，患有惊恐障碍的人的祈祷方式可能更像是在对上帝的唠叨。像这样：

亲爱的上帝，我今天开车去露丝阿姨家时，请将温度控制在适中的范围内，最好不超过 70°（华氏），因为去年夏天这么热的时候，我曾经惊恐发作。请保持道路相当通畅，我不想被堵在路上。请准备好所有绿灯，特别是进入格兰大道的左转车道。还有，上帝，这次别有消防车，好吗？请让我的脉搏保持在每分钟跳动 70 次的水平，让我的呼吸平稳而规律，让我的头脑清醒。上帝啊，希望我今天不再想我的呼吸了，好吗？上帝，您在听吗？我说我今天不想考虑我的呼吸问题，但我已经在考虑了。上帝，您今天会和我同行吗？还是在做其他的事情？

这就像那个古老的杂耍笑话，两个人正在交谈。偶尔，第一个人打断对方的谈话，发出不寻常的呱呱声。最后，第二个人问道："为什么你一直发出这种声音？"

"这种声音能让大象远离。"第一个人答道。

"别傻了！1000英里内没有大象！"第二个人说道。

"正是如此！这么做有效！"第一个人说。

你是否试图对抗恐惧？以什么具体方式？

除了单纯的回避之外，人们还用各种方法保护自己。当人们冒险进入害怕的领域或活动时，他们会采取各种方式保护自己不受惊吓。你可能会想，"嘿，等一下！我做的都是好事，它们帮助我走得更远，我做得越多能力就越强。"

他们很可能是这样。有时使用这些方法是一个人能够开始康复的唯一途径。或者甚至只是为家人买些日用品，都是一件好事。只要开始做事就好，否则你会继续依赖回避。

但请注意，一旦你开始使用这种方法，随着时间的推移，恐慌会如影相随。当你依赖这些方法时，你就被剥夺了发现自己在没有它们的情况下也能生存的机会。你继续相信它们能保护你，相信你需要它们保护。恐慌诱使你继续感到恐惧。

如果你能短时间内使用这些方法，然后丢弃，那么你就会更有力量。但是，一旦你依赖这些方法，这些方法就会成为问题的一部分，诱导你寻找越来越多的保证。

如果你害怕开车，你可能会因为携带电话而感到安慰。随着时间的推移，你可能觉得有必要把电话放在自己旁边的座位上，随时准备拨打。那么，设置一个快速呼叫键听起来好像不错。你可能觉得应该让某个特定的人接听，设置一个紧急呼叫人在某些时候似乎是一个好主意。在你离开之前给电池充电也无妨，就是那样。

像小飞象一样，你会继续相信你需要那根神奇的羽毛，像那个杂耍演员一样你会继续相信"发出不寻常的呱呱声能让大象远离"。这证实了你的怀疑，即你很脆弱并需要保护自己不受惊吓。

如果你没有其他办法，那么就开始使用这些自我保护的方法，但要警惕时间长了可能会产生依赖，你应该计划逐步淘汰这些方法。

如果你像大多数人一样，你可能会觉得承认其中一些方法有点尴尬。但是从来没有人死于尴尬。对这些方法进行清点是有帮助的，因为它们使你陷入困境，而不是帮助你恢复。

最好是将这些方法放下——当你决定放下的时候应一次放下一个方法。为了帮助你准备这一步，请定期回看你在这里创建的安全行为清单，把你想起来或注意到的保护装置和规则加到清单中。

回顾一下你在本章前面练习的回答，总结一下你在试图防止惊恐发作时使用过的安全行为，把它们列在下面：

_____

_____

对于上述清单上的每一个安全行为，如果你简单地放下它，会发生什么？

_____

_____

如何化解骗局

从这些问题中康复的最终目标是能够自由地生活并感觉良好。但是当一些人有慢性惊恐发作时，他们往往似乎不得不在舒适和自由之间做出选择。如果他们走出自己的舒适区或违反任何自我保护的规则，那么他们就会感到恐慌。如果他们为了感到安全而遵守所有的自我保护规则，那么他们就会感到被禁锢，并且错过了生活中的很多机会。

慢性惊恐发作患者一般已经养成了把寻找安慰放在第一位的习惯。他们做决定的依据是什么能帮助他们感到舒适或至少不感到恐慌，而不是让他们自由地生活，去他们想去的地方，做他们想做的事。

这是有原因的。

如果你在杂货店里开始惊慌失措，那么你只要离开杂货店就可以迅速终止惊慌失措的情况。只要那些电子门开始打开，你就会感觉好一些。如果你撤退或保护自己，那么你可以立即感觉好起来。

如果你留在这种情境中，和恐慌待在一起，而不是退缩或保护自己，你将加速自己的康复。你会暂时感到比自己逃跑时更糟糕，但这是朝着最终导致康复的方向迈出的一步。如果你当时没有逃跑，而是在杂货店里度过了恐慌期，你可能会对自己感到更满意。

很自然地，人们对恐慌的反应往往是基于能帮助他们立即感觉更好的方法。他们选择眼前的舒适，而不是长期的自由，也许他们认为自己会在明天处理，明天就会自由，但明天永远不会到来。你用自己的长期自由换取片刻的暂时舒适，这是一种得不偿失的交易，会让你成为舒适的奴隶。

康复的黄金法则：选择长期的自由，而不是眼前的舒适。

依靠这一准则来做出你会面临的无数选择。只要你经常做出能促进自己长期自由而不是被眼前的舒适所左右的选择，你就会感到满意，因为你走在正确的路上。这并不是说这样选择是容易的或舒适的，但你知道自己在朝着正确的方向前进。

想象一下你过去曾有过的惊恐发作的情况。把那种情况写下来。

_____

_____

在那种情况下，做什么能给你带来最直接的安慰？

_____

_____

在那种情况下，做什么能让你长期地摆脱恐惧？

_____

_____

你可以做什么来帮助自己记住选择长期的自由（而不是短暂的舒适）？

_____

_____

05
支持者

. . .

支持者通常是他们信任的且熟悉他们的人。在他们惊恐发作的时候，支持者会带给他们抚慰，让他们感到受保护。人们在支持者面前不太可能惊慌失措，当有支持者陪同时，人们往往感到能够做更多暴露性任务。

你有一个或多个支持者吗？请列在下面。

_____

_____

你的支持者做了什么来防止你的惊恐发作？这个人做了什么来保护你免受你所担心的恐惧对自己的影响？

_____

_____

支持者并不能防止可怕情况的发生，比如晕倒或死亡，你可能会认为是恐惧造成的。支持者主要提供安抚，并试图缓解你的恐惧。我曾有来访者，他们的婚姻有很多的冲突，很少有同情和支持，其实配偶可以作为一个支持者，因为在婚姻中除了陪伴，不需要太多的支持，但是他们甚至互相不信任。

与支持者合作

你与支持者合作时需要管理两个关键问题。第一个问题是你很容易将功劳归功于支持你的人而不是你自己，从而更加依赖他，如果不认真管理对支持者的依赖会使你更难独立。支持者在你的生活中应该扮演一个过渡性的角色，帮助你完成自己的暴露任务，然后逐渐退出这个过程。这个人可能与你有持续的关系，但支持者的角色应该是暂时的。

第二个问题是在陪伴你的时候，支持者如何发挥他们的作用。理想的支持者的任务只是陪伴，他们只扮演次要角色。他们不帮你做决定，不负责任，不拯救你，不向你保证你会好起来，也不分散你的注意力。

沟通与协作

支持者在努力提供帮助的过程中，很容易犯某些类型的错误。他们可能过度保护你，希望你能避免不适，并鼓励你从一些症状和经历中抽身而出。而此时你最好与他们进行接触。当你惊慌失措之时，他们可能操之过急，而如果他们站在一旁，让你完成这个经历，那么对你来说这会是一次很好的体验。他们可能在分散你的注意力或提供安抚方面付出太多了。此外，他们有时可能会给你压力，他们试图替你做决定，让你更多更快地完成暴露任务，而不是等你觉得自己已经准备好了。

你的支持者的以上行为是可以理解的，因为他们可能是你的朋友或家人，他们当然希望看到你感觉良好，但是你该指导他们如何在你的经历中发挥有效的作用。

配偶支持案例

一位女士第一次来参加我的一个支持小组。她解释说，她害怕晚上开车，担心在黑暗中开车会晕倒。下面是我们的对话。

我：你在哪里工作？

她：我在一家工厂上夜班。

我：哦？你有一份夜班工作？

她：是的。我丈夫也上夜班。这还不算太糟，因为我们的时间安排差
    不多。

我：你在那里工作了多久？

她：7 年了。我每星期工作 3 个晚上。

我：你怎么去上班？

她：我开车。

我：你开车去上夜班？

她：是的。

我：你在开车去上夜班的时候晕倒过几次？

她：到目前为止没有。

我：你从来没有在开车去上夜班的时候晕倒过？

她：还没有。

我：好吧，你来这里是因为自己害怕在晚上开车。只要一想到这一点就
    会让你感到惊恐。你今晚来的时候天已经黑了，是吗？

她：是的。

我：是的。而且你没有晕倒。7 年，每年有 50 个星期，每个星期有 3 个
    晚上，你开车去上夜班至少有 1000 次了，可能会更多？

她：是的，差不多是这样。

我：你害怕在黑暗中开车会晕倒，但你已经在黑暗中开车超过 1000 次
    没有晕倒了。你把你没有晕倒归因于什么？

她：我的丈夫亨利开车在我后面跟着。

对她来说，让她的丈夫开车跟在她后面是为了防止她晕倒，这是合情合
理的。当然，亨利并没有真正防止她晕倒，但只要她依赖丈夫的出现，她就

没有证据表明没有他自己也能应付。她继续相信她会晕倒，尽管这件事从未发生在她身上。

这对夫妇来找我治疗，我们做了一些实验，实验的重点是找到亨利和她相隔的最大距离，前提是能够防止她晕倒。他们在夜间多次开车，妻子允许丈夫在越来越远的地方开车跟着她。她最终允许丈夫待在家里，完全不跟着她。就在那时，她看到并相信，她可以独自在夜间开车，而不会晕倒。正如她后来告诉我的那样："亨利只要在家里，我就可以获得力量，不会晕倒！"

如果你愿意在没有支持人的情况下直面你的恐惧，那么就那样做吧。你的旁边多一个人陪伴可能会减少你暂时的不适感，但会增加你的康复所需的时间和努力。不要在你的努力中增加一个支持者，除非你发现你在没有支持者的情况下根本无法或不愿意直面自己的某些恐惧。

如果你在训练自己面对恐惧的过程中增加了一个支持者，请与此人沟通清楚，按照下面的基本规则执行，说明你希望和不希望他们做什么，这对你们双方来说都有好处。如果你已经在与一个支持者合作，那么现在可能是审查和更新你们的努力的好时机。如果你发现你们的合作在很大程度上没有遵循以下规则，请与你的支持者协商，并做出适当的改变。

支持者基本规则

1. **你做所有的决定，而不是由支持者做决定。**你是负责人，支持者是次要的。不管你的决定是否符合渐进式暴露的原则，所有的决定都是由你来做的，而不是由你的支持者做。如果你决定缩短暴露的时间，因为你觉得那天不合适，那么就偏离了渐进式暴露的原则。

2. **你进行所有的活动。**和支持者签订一个明确的协议，即支持者不会承担任何关键职能。如果你在做驾驶接触，那么你是司机。如果你带着你的支持者可以成为备用司机的想法去接触驾驶，那么就减少了你出现惊恐的机会。你会经历惊恐，而这正是接触练习的全部意义所在。

3．**支持者不告诉你该做什么，但会提醒你计划做什么。** 支持者的存在是为了见证你的努力，看到你因为焦虑而没有注意到的东西，并提醒你计划做什么。支持者可以说类似这样的话：

- "我注意到你屏住呼吸。你想做呼吸运动吗？"
- "你想填写一份惊恐日记吗？"
- "我注意到你突然变得安静。你是否有惊恐症发作？"
- "我知道你很害怕，但这是很好的练习，坚持住。"
- "我看到你在哭。我能给你递一张纸巾吗？"

4．**支持者不会试图保护你免受恐惧的影响。** 支持者让你实践康复所需的应对惊恐的练习，他们不保证你的安全，不承诺保护你不受伤害，也不会向你保证没有什么好害怕的，他们也不会为最大限度地降低你的恐惧而分散你的注意力。

5．**在你的暴露任务清单中注意你的支持者的存在和不存在。** 在没有支持者的情况下做暴露任务，你会有最大的收获，所以在没有支持者的情况下，你愿意做多少暴露任务就做多少。如果有一些你不愿意单独做的接触任务，那么请允许支持者在场，一旦你愿意单独完成，就开始让他们退出这项任务。

6．**计划逐步让你的支持者退出。** 以下是一些你可以逐渐减少对你的支持者的依赖的方法。

在执行暴露任务时，增加你们两个人之间的距离。如果你们习惯在商店里并排行走，那么就散开，让你的支持者在你身后几英尺处。在某些时候，你们可以各自从另一端进入过道，并短暂地从对方身边经过。除此之外，你的支持者可能会在车里等待，短暂地进入商店一到两次，打个招呼，然后再回到车上。在商场里，支持者可以在附近的商店或大厅等候。

如果你们两个人开同一辆车，你们不可能分开得很远，但车的后座是一个不错的选择。你可以把你的支持者放在一个方便的地方，独自驾驶一段路，然后再回来接他们。可以将他们先放在一个街角，然后开车环绕那个街区一圈，如果你愿意还可延长单独开车的时间（根据个人经验，支持者应该带一把伞）。

如果你的支持者开另一辆车陪伴你，那么请拉开车间距离。你们在前往目的地的途中相遇，而不是一起走完全程。逐渐增加你独自旅行的路程。

独自乘坐电梯，让支持者在大厅等候。

如果你正在努力解决怕坐飞机的问题，那么可以考虑在回程航班上彼此分开坐，即使一开始只是相隔一排也可以。

让你的支持者开始晚到且还将早走，这样你就有一些独处的时间。

用电话联系代替在一起，然后发短信。

7. 确保支持者知道他或她实际上是你的支持者。人们有时会利用朋友或亲戚作为支持者而不明说。他们的做法是：邀请该人陪同他们去一些地方，并依靠他们的陪伴而不解释他们所扮演的角色，这不是一种好的做法。除了欺骗性和操纵性之外，这种做法造成了对这个人的可用性产生紧张感，并需要持续制造善意的谎言和其他虚构的东西，这通常会使你自己更加紧张。

大多数使用安抚物和支持者的人认为他们是有帮助的，而不会想到是有害的——而且从短期来看，安抚物和支持者是有帮助的。但是，长期依赖支持者会延迟你的康复。

如果你愿意并且能够在没有支持者的情况下，开始"03"章节所述的暴露任务，那么你就更有力量了。从长远来看，你将节省时间和精力，因为你不必在早期阶段依赖别人，也不必在后期阶段让他们退出。但是许多人只是觉得没有办法独立开始暴露任务。如果你唯一的选择是回避，那么应通过各种方法，利用支持人的帮助。只是要认识到，你需要尽快让他们退出。

当选择一个支持者时，你需要一个可靠的人，并且你需要他的时候，他有时间，因为你不希望那个人在你做好心理准备要出去做一些暴露任务时放你鸽子。你希望那个人把你的利益放在心上，并希望他成为一个好的倾听者，听到你说的话，并和你一起将所说付诸实践，而不是用他自己的判断取代你的判断。你希望那个人能尊重你的保密原则并维护你的隐私。最重要的是，你想要一个与你的问题有足够情感距离的人，这样你可以按照自己的节奏去处理。你不想要一个急于让你康复的人，不管是因为他们讨厌看到你受苦，还是因为他们真的厌倦了陪伴。

最好选择一个好朋友作为支持者，而不是配偶或父母。如果配偶或父母能够在你外出接触时，将和你的夫妻关系或亲子关系抛在脑后，那么他们可以成为很好的支持者。但如果你的配偶或父母做不到这一点，那么就选择别人吧（并向你的配偶或父母解释一下，以免他们觉得被冷落）。你可以把支持者和你之间的关系比作一些父母——好的父母和孩子之间的关系——他们无法和孩子之间保持必要的情感距离来教育自己的孩子，这就是学校存在的原因。

06

解构惊恐发作：心灵的观察者

. . .

在惊恐发作期间，往往很难理清所发生的事情。即使在惊恐发作结束之后，你可能发现很难解释自己是如何变得如此害怕的。为了更清楚地了解正在发生的事情（以及没有发生的事情），在惊恐发作期间扮演一个观察者的角色是有帮助的。

请检查你对仔细观察惊恐发作的建议的反应。我的许多来访者最初都讨厌这个建议，并告诉我他们更喜欢从恐慌中转移注意力。

也许你也有从恐慌中转移注意力的愿望，这是一种常见的反应。所以考虑一下这个问题，如果你有转移自己的注意力的动机，这说明了什么问题？

_____

_____

你想转移自己的注意力，说明此刻不是危难时刻。这不是一场需要立即采取行动的五级火警。如果是那样，你就不会分散自己的注意力，你会去救火。

如果你在银行里遇到抢劫，你会平衡支票簿来分散自己的注意力吗？你会为了分散注意力而不去看枪战吗？很可能不会！当你试图保护自己时，分心是最不可取的。分散注意力的冲动是你得到的最好暗示，表明你不需要保护自己。

我们将在下一章节再讨论分心的问题。现在，请考虑分散注意力的最大好处，可能只是让你注意到你有想分散注意力的冲动，并认识到这意味着什么——你在没有危险的情况下产生了不愉快的想法。

我们考虑如何在惊恐发作时增强自己的观察力。

人们往往没有注意到惊恐发作是由四种不同的症状组成的。识别这四种类型的症状是扮演观察者角色的一个重要步骤，可以使人们在惊恐发作时避免不知所措。这是心理学家所称的"情感标签"的一部分，人们发现"情感标签"比抵制或试图忽视这些症状要有用得多。

在你经历惊恐发作时，把惊恐分解为不同的部分，会给你带来以下好处：

1. 你更了解你的对手是谁，并感到不那么困惑与不知所措。
2. 你能更好地准备以平静而不是激动的方式进行回应。
3. 你看到惊恐发作根本不是一种攻击，而是一种反应。
4. 你能更好地观察正在发生的事情。观察者的角色使你在情绪上与攻击所带来的波动有了一点距离。

在经历惊恐发作时，你要么扮演观察者的角色，要么扮演受害者的角色。观察者的角色效果更好！我们将在本章节后面的内容中再次讨论这一议题。

四种不同的症状是这样的：

1. 身体感受
2. 思维
3. 行为
4. 情绪

身体感受可能是你关注最多的部分。想一想你的第一次全面的惊恐发作或一次你记得最清楚的重大的惊恐发作，并列出你所经历的身体症状。

_____

_____

思维是惊恐发作的一个重要部分，很容易被误解。你在惊恐发作时通常会有哪些可怕的想法？把它们都写下来，特别是那些现在听起来很极端和不现实的想法。

_____

_____

　　行为是你采取的行动，是你做的事情，而不是你的感受或想法。行为可能像眼球运动一样微妙，也可能像夺门而出一样明显。你在惊恐发作时有哪些行为？

_____

_____

　　情绪是一种直觉反应，是一种整体感受。情绪是一种感觉，比如高兴、悲伤、疯狂、害怕、嫉妒等。在惊恐发作时，你通常会有什么情绪？

_____

_____

身体感受

　　你可能不需要任何帮助来关注你的身体感受。通常对经历惊恐发作的人来说，身体感受是明显的（尽管对其他人来说不是）。

　　许多人发现，只要提到某些身体症状，就足以在他们的身体里产生这些症状，所以他们自然就会避免这种情况。

　　我将在这里列出比较常见的身体症状，如果你愿意的话，可以利用这个机会通过阅读这些症状来练习一些简单的接触。

　　身体症状包括：

- 心律变化——更快、更慢、更大声、更安静、漏跳、多跳。
- 呼吸困难。

- 感觉头昏眼花、头晕目眩。

- 胸部发紧 / 发胀 / 疼痛。

- 冷热交替，以及出汗。

- 消化系统不适。

- 腿和主要肌肉感觉无力。

- 刺痛和麻木，特别是在头皮、手指和脚趾。

- 颤抖（有时可见，通常不可见）。

也许你注意到了我清单上的身体症状反应，也可能没有。如果你确实注意到了，那是什么反应？

如果你在阅读我的清单时有不愉快的反应，你是否愿意尝试一个实验？选择你认为最令人困扰的两个症状，并想象在以下场景中人们经历这些症状。

一个留着"自行车把手样式"的胡子、戴着贝雷帽的法国人，在户外咖啡馆吃羊角面包时出现了这些症状。弗拉基米尔·普京，身穿紧身衣，坐在克里姆林宫内一个巨大的办公桌前。英国女王头带王冠，手持权杖，在主持解决家庭冲突的皇室会议。

你在想象这些情景时有反应吗？如果有，这些反应与你最初的反应相比如何？

结果会有所不同，大多数人可能会发现他们对上述情景的反应与对原始清单的反应相比不一样，但也没有那么令人不快。能让我们产生反应的并不是简单出现的一个词或想法，而是我们如何处理这个想法，如何回应这个想法。如

果有人向你扔石头，而且他们的目的是真实的，那么你会很疼，你对石头的态度并不重要。然而，如果有人抛给你一个词，你如何理解这个词就很重要了，这同样适用于你自己的想法。

学会以不同的方式对待我们的想法是承担观察者角色的一个重要部分。

思考你的思维

人们的思维有一个很大的问题，在惊恐发作的那一刻，他们没有认识到这种症状只是一种症状，这不是第六感，可以提前告知即将发生的事情；这不是你的守护天使的警告，只是一种焦虑。惊恐发作时的可怕想法所传达的真正信息不是想法中话语的字面意思。像恐慌和焦虑的症状一样，这些想法必须要解释。

人们遇到的问题是，他们不假思索地认为这个想法是真的，他们的身体会做出自动反应，就像这个想法是真的一样。如果你和一个在谈话过程中不断抖动腿部的人坐在一起，你可能会对这种抖动的含义做出一些解释。你可能不会从字面上去理解，认为他想踢足球或想去慢跑，你可能会解释为他很紧张。同样，如果他咬指甲，你也不会从字面上去理解，认为他是饿了，或者他在吃自己，你可能会解释为他很紧张。

当患者在惊恐发作时，有死亡、精神错乱和失去控制那样的可怕想法。就像"抖腿"不是要去"踢足球"，"咬指甲"不是要"吃人"一样，那些想法并不是死亡和精神错乱的准确警示，而是需要解释的症状。

考虑一下这样的想法："如果我在聚会上晕倒了怎么办？"。这种类型的预设导致很多人即使没有晕倒的病史，也会取消和避免参加很多活动。这种想法并不是对你下周将如何参加聚会的有效预测。它是你当下感受的一个显现——你现在紧张。

这些想法意味着你现在很紧张，没有别的。其含义与口干舌燥、手掌湿润、呼吸困难和逃跑的冲动一样，你现在很紧张或害怕或焦虑或恐惧——无论你用什么词形容都可以。这不是关于未来的晕倒，而是关于当下的紧张。

卷饼恐惧

我曾有一位来访者，他有吃很多卷饼的习惯，有时在一顿丰盛的午餐后一小时左右，他的胃部会出现严重的不适。他的本能反应是这是一种身体疾病，像肿瘤一样。肿瘤的念头一出现在他的脑海中，他就开始惊慌失措地奔跑起来。

如果你不习惯那样吃，你可能很容易就识别出发生了什么。但他一生中大部分时间都是那样吃的，而且他不把自己的饮食方式和他的胃部的感受直接联系起来。在我们发现他的这种模式后（多亏了他写了《恐慌日记》），他能够停下来了，他认识到自己的胃部不适有多种解释。他训练自己在对他的胃部不适的来源做出任何结论之前，考虑各种可能性。

他渐渐明白，那些关于肿瘤的可怕想法只是自己本能且焦虑的猜测，而不是对危险的准确警示，这帮助他重塑了对恐惧的反应。

你通常很难看到你的想法在多大程度上被夸大和不真实，直到惊恐发作结束之后，你才会发现自己的想法被夸大和不真实的程度。在惊恐发作时从不同的角度来看待你的想法是一个诀窍。养成注意自己的想法并对其进行解释的习惯，将是朝着这个方向迈出的一大步。

养成对思维进行解释的习惯比对身体症状的解释要难一些。当你害怕的时候，你的第一直觉很可能是理解这些想法的字面意思，而不是停下来做解释，但对身体症状进行解释是一个可以通过练习培养的习惯。我在"16"章节将介绍如何使用《恐慌日记》，"17"章节的内容将有助于你养成这种新的习惯。

思考这些想法

以下是人们对自己的恐慌和焦虑常有的一些特有想法。

- 这是很不合理的！

- 我越努力，就越糟糕！

- 我知道这些恐惧不是真的，但无济于事！

你有过上述的想法吗？如果有，请仔细觉察这些想法。大多数人将这些想法转换成自我苛责。当他们注意到这些恐惧是多么不合理时，他们会责备自己是一个没有理性的人。当他们注意到"我越努力，就越糟糕"时，他们责备自己无法解决问题。

但这些想法背后有迥然不同的且更深的含义。

拥有非理性的恐惧是什么意思？意思是你在没有危险的时候也会害怕。这一点很容易理解。如果你意识到自己在没有危险的情况下害怕，那么就意味着你可以不保护自己。人在遇到危险的时候才需要保护，人在恐惧的时候是不需要保护的。

如果你觉察到你越努力，情况就越糟糕，那么可能意味着你没有解决问题的能力，但也可能意味着你试图用那些使问题变得更糟而不是更好的方法来解决问题。如果是那样的话，你应该仔细研究一下自己一直在尝试的方法。你可能需要用不同的方法去解决问题。

在这些人们经常认为是批评的想法背后，是一些有价值的信息，你可以利用这些信息来促进自己的康复。

思维与情绪

人们经常把思维与情绪混为一谈。思维试图解释一个特定的事件，并赋予它一个意义。比如，你可能看到交通信号灯变成黄色，你认为这是停车的信号。其他人可能看到同样的信号灯，认为他们需要加速前进，在红灯亮起之前通过。你可能看到有人皱眉头，认为他们在生你的气。其他人可能认为那个人是在担心，而不是生气。如果你患有呕吐恐惧症，即对呕吐的恐惧，你很可能会认为皱眉的人要呕吐。思想是人们对社会存在和人的行为与情感的解读。

我们的想法可能是真的，也可能是假的，往往是两者的混合体。思维是对现实的猜测。如果你用卷尺测量某人的身高，而且量得很准，那么你就能真实地描述这个人的身高。如果你只是看了那个人一眼，然后估计他的身高，你可能不会得到准确的数字。你对那个人身高的估计会受到其他因素的影响，这些因素与身高无关。比如，如果你在黑暗的街道上走路，有人吓了你一下，那么你会跑，并且你的大脑对这件事留存的记忆会被夸大，你的想法会受到诸多因素特别是你当时的情绪状态的影响。

思维与情绪是相通的，但又不一样。情绪并不试图去描述现实世界，所以它们不能被证明是真的或假的。情绪只是我们对自己认为是真实的世界的反应。由于情绪是内在世界的反应，而不是对外部世界的描述，所以情绪没有真假之分，也无法进行测试，没有什么可以获得的证据。情绪需要被接纳，而不是被测试或评估。当我们抵制自己的情绪时，我们基本上是在与自己战斗或与自己争论。这会使我们更加焦虑，那不是你在惊恐发作时想做的事。

人们常常把这两种不同的症状——思维与情绪——混为一谈。他们会说"我觉得我快要死了"之类的话。将不同种类的症状混合在一起，使你很难做出反应。"我要死了"并不是一种感觉，而是一种想法，可能是真的，也可能是假的。人们通常发生的情况是：

a. 观察身体的感受："我头晕目眩，浑身发热。我的左臂有刺痛感。"

b. 对这些感受的含义有一个自动的想法（做出解释）："如果我在这里心脏病发作怎么办？我可能会死！"

c. 对死亡的想法有情绪反应，感到害怕。

思维与情绪的混合使你更难抚慰自己。比如，你没有办法帮助自己从你将会死去的感受中平静下来。你可以和你的情绪争论，告诉自己，你不会死。但自己和自己的情绪争论通常会让自己更难过。你可以跑去找他人帮忙，但由于你并没有真正死去，急诊室的工作人员也没有什么可以帮到你的，因为他们知道你没有死。

注意自己的行为

当我问那些受惊恐发作困扰的患者关于惊恐发作的四类症状（身体感受、思维、情感、行为）时，他们一般都能说出前三类，但几乎从未提到行为。人们感到受到了攻击和伤害，他们甚至没有注意到自己正在做的事情是攻击的一部分，比如屏住呼吸。但他们感受到了不舒服的影响，而这使他们更加恐慌。因此，觉察到你在恐慌发作时实际做了什么——你的行为——对你很有帮助。

惊恐发作时最明显的行为是逃跑。人们经常逃离现场。但在这之前他们会有其他的行为。以下是一些常见的行为。经历惊恐发作的人常常：

- 屏住呼吸。
- 绷紧颈部、肩部、下巴和身体其他部位的肌肉。
- 靠在墙上寻求支撑。
- 缩回自己的身体，减少对周围事物的参与。
- 试图用行动来防止人们注意到他们紧张。
- 通过向门口移动、穿上外套等方式为逃跑做准备。
- 告诉自己"不要再想了！"

惊恐行为的共同点是，它们都是对恐慌骗术的反应。人们体验到了不适，把恐慌当作危险来回应。当你这样回应对，你实际上是受骗了，你的行为方式会使问题变得更糟。

逃离使问题变得更糟，因为它强化了一个错误的想法，即你勉强逃脱了一场可怕的灾难。屏住呼吸和紧绷身体会使你更不舒服，并产生更多的症状。退回到自己的身体，会使你更加专注于自己的不适，似乎使情况更糟。上面列出的其他行为都涉及抵制当下的体验并试图对抗焦虑。这几乎总是让人感觉更糟，他们认为自己真的在为生存而挣扎。

分离思维和情绪

用你过去最擅长的觉察攻击的不同部分，并做出有益的解释和回应的方式，我们重演一下"我要死了"的情景。大概是这样的：

a. 观察身体的感受："我头晕目眩，浑身发热。我的左臂有刺痛感。"

b. 对这些感受的含义有一个自动的想法（做出解释）："如果我在这里心脏病发作怎么办？我可能会死！"

c. 对死亡的想法有情绪反应，感到害怕。

d. 对死亡的想法意味着："哦，糟糕，我开始恐慌了。该死的！我到底是怎么了？如果我继续这样下去，我可能会心脏病发作！"

e. 对恐慌的想法有情绪反应：愤怒、羞耻和厌恶。

f. 将想法转变为更能接受的语气："为什么我……哦，好吧，我们就在这里处理事情吧。这很糟糕，但我不会自暴自弃。我想我最好开始自己的恐慌步骤。"

g. 采取行动：开始腹式呼吸。

h. 观察身体感受的变化，"我的头不那么晕了，我的手臂感觉好多了。"

i. 对这种变化进行了思考，"好的，这就好了。"

j. 对变化有情绪反应：感觉不那么害怕了。

如果你为惊恐发作所困扰，这个例子可能看起来不切实际或对你来说遥不可及。那也没关系。本书的其余部分可以帮助你达到目的。现在，我们只需意识到这些想法意味着恐惧，而不是危险。看见这些可以给自己一个机会来改变接下来发生的事情。

如上所述的反应，实际上是一个习惯问题，你也许可以习得这个习惯，而习得这种习惯的最好方法是：练习、练习、练习。

随着时间的推移，随着重复练习，这些应对恐慌症状的新方法将变得更加自动化。这容易吗？一点都不容易。我希望我没有让它听起来很容易。我只是想把这一点说清楚。要达到这种程度你需要大量的练习。

似乎太难了？那也没关系。你还没到那一步。随着你对这本书中的内容的学习和练习，随着时间的推移，你将更加自如地运用新方法应对惊恐发作。

关于担任观察者的角色

惊恐发作的患者有两种基本角色。一种角色是受害者。当你觉得自己是惊恐发作的受害者时，你就不太可能记住有用的应对方法，你会注意到惊恐发作愚弄和吓唬自己的方式。你感到无助、受到威胁。你会被这些症状所触发，并以更多的方式与惊恐发作抗争，使惊恐症状变得更加严重。

另一个角色是观察者。当你处于观察者的角色时，你在观察个体的症状以及自己对这些症状的反应。你培养一种对症状的接受态度，而不是退缩的反应。你能够分离并识别不同的症状。你与恐惧的症状保持更多的情感距离，你注意和观察恐惧的症状，而不是逃离和对抗恐惧症状。

这两个角色——观察者和受害者——是一个连续体的两端。你越是能充当观察者的角色，就越不容易感觉到自己是个受害者。反之亦然：你越是停留在受害者的角色上，就越难观察和处理恐慌的体验。

你不需要迅速完全地接受观察者的角色。迅速完全地接受观察者的角色很难做到，而且可能期望过高。但是，你可以牢记连续体的两个端点，向理想的方向发展。

一个受害者会有一些灾难性的想法，并把那些灾难性的想法当作灾难的标志。

观察者也有灾难性的想法，但他们会把灾难性的想法当作是一种提醒。

一个受害者希望："请不要让我惊慌！"

一个观察者指出："我不想恐慌，但如果我恐慌了，那就这样吧。我有一些方法来处理恐慌，而且我需要练习。"

受害者试图隐藏恐惧。观察者可能会对恐惧进行评论。

受害者因惊恐发作而感到困惑、分心和混乱。观察者则会在惊恐发作期间做笔记。

你无论何时经历惊恐发作，都可以通过定期使用《恐慌日记》（详见"16"章节）来进一步支持你使用观察者的角色，也可以经常进行正念冥想练习（详见"11"章节）。

07

惊恐周期

· · ·

惊恐障碍从第一次惊恐发作开始，是一种强烈的、令人恐惧的和困惑的体验。许多人把惊恐发作描述为他们生命中的关键时刻，这种经历从根本上改变了他们的个性和行为方式。一位来访者告诉我："我几乎认不出来自己了，自从第一次惊恐发作之后，我就变成了一个完全不同的人。"

人们很自然地专注于那段记忆，他们经常思考，那种事情为什么会发生在自己身上。他们希望通过充分了解造成惊恐发作的原因，从而可以消除其影响，解决那个问题。

你是那样认为的吗？

❑ 是　❑ 不是

大多数人最初也是这样认为的。不要被愚弄！惊恐发作不是那样运作的。你不能通过扭转自己是怎样患病的方式来达成治愈目的。首先，惊恐发作已经发生了，你没有办法回到过去健康的状态；其次，正如"01"章节所述，惊恐发作的原因或许超出了你的掌控；最重要的是，你有过第一次惊恐发作的事实并不是你罹患惊恐障碍的原因。

你的惊恐障碍是你努力反对和抵制恐慌的结果，也就是我们在"04"章节中提到的安全行为。我希望你在阅读这一章节时，对自己所有的安全行为做一个很好的盘点。如果没有，我建议你现在回去做这件事。

反复发作

人们第一次惊恐发作后，通常会对发生恐慌的情况感到怀疑和恐惧。一个在电影院第一次惊恐发作的人可能不会很快再去那家电影院。他们可能在一段时间内什么电影都不看了。

不幸的是，惊恐发作不会就这样罢休，预测焦虑以及惊恐发作本身往往蔓延其他情境中。

如此这般，人们会担心他们的生活失去控制，他们经常描述自己的恐惧是非理性的和随机的。整个问题在他们看来是如此不合逻辑，以至于他们不知道该如何解决。

如果如人们所说，惊恐发作是随机发生的，那么康复会更加困难。但是，有一些细则制约着惊恐发作会反复发生的时间和地点。

在以下情况下惊恐发作可能会反复发生：

1. **在让你想起第一次惊恐发作的情境中。**如果你第一次惊恐发作发生在一家大型超市，那么你可能不会再去那家超市或在该超市的连锁超市购物。你可能对任何大型杂货店都感到不安，这种恐惧可能会蔓延你去其他类型的商店。为了避免惊恐发作，你可能会避开那些商店，或者你仍然会去，但购物的方式不一样了。将恐慌与一天中的某个时间点关联，或将第一次惊恐发作与某种天气联系起来也是很常见的。

哪些情况或活动让你想起第一次惊恐发作？

_____

_____

2. **在你认为是"陷阱"的情况下。**惊恐障碍症患者所说的"陷阱"，并不是字典上对这个词的定义（即用来限制动物和防止逃跑的装置）。他们指的是任何他们不能如愿以偿地迅速、安静、隐蔽地离开的情况。他们无论去哪里都想确信自己可以不被人察觉地随时离开。这种更广泛的定义使各种普通情况看起来都像是"陷阱"。

这样看来，超市的排队似乎是"陷阱"，高速公路上开车、等红绿灯、乘坐飞机、理发师的椅子、教堂的中间座位等都是"陷阱"。这些情境可能会导致延误，给你带来不便，但它们并非旨在限制你、控制你。当然，当飞机在30000 英尺高空巡航时，你不能离开飞机，但这并不是因为你被困住了，而是因为你在飞机上要安全得多。

你认为哪些情况或活动是"陷阱"？

_____

_____

真的是那样吗？最让人束手无策的是什么？你必须要做什么才能摆脱那样的情况或活动？那是否代表着危险或不舒服？

_____

_____

3. 在闲暇情况和闲暇活动中。人们在无聊或消磨时间的情况下往往会感到恐慌，包括观看一部无聊的电影、在餐厅里等待同伴（而你的同伴在咖啡馆参加活动）、出席不需要你积极参与的员工会议、在等候室中等候，甚至是在度假，还包括不需要过多思考的活动，比如开车或洗澡。在睡觉时等待入眠是另一件让很多人困扰的事情。

在什么情况下，你会因为无聊而感到焦虑？

_____

_____

当你无聊时，你担心什么会发生在你身上？

_____

_____

你有过那样的经历吗?

❑ 是   ❑ 不是

这是否又是一种"不至于,但万一会发生"的担心?

_____

_____

4. **当没有紧急情况时。**这与上面的第 3 条有关。在危难时刻,人们通常不慌不忙。当患有惊恐发作的消防员处于火灾现场这样的危险情境中时,几乎从未发生过惊恐发作。相反,当他们在消防局玩纸牌游戏消磨时间,没有火灾险情时,他们往往会感到恐慌。如果火警铃真的响了,惊恐发作就会立即停止。当他们的孩子摔倒,鼻梁骨折或胳膊骨折时,父母很少惊慌失措。他们通常会处理好事务,让孩子在急诊室接受治疗,直到孩子已经安全回家睡觉了才会感到恐慌。

具有讽刺意味的是,惊恐障碍患者常常认为他们在紧急情况下是靠不住的,但在没有任何事情发生的无聊或闲暇时期,他们更有可能靠不住。

复发性惊恐发作的经历不是随机的,也不神秘。虽然复发性惊恐发作可能导致不合逻辑的恐惧,但遵循富有逻辑和一致性的规则,了解这些规则可以帮助你从迷惑走向应对自如。

了解惊恐周期

我们仔细看看个体的惊恐发作。你越是了解个体惊恐发作的过程和模式、身体感受、思维、情绪和行为是如何相互作用产生恐慌的,你就越能观察惊恐发作,接受惊恐发作,并等待惊恐发作结束,而不至于陷入由惊恐发作带来的动荡之中。

首先要注意的是,惊恐发作是周期性的,总是遵循相同的且可预测的模式。不断变化、从不遵循相同模式的问题非常难以解决,而一次又一次遵循相同模式的问题比较容易解决。

许多惊恐发作的患者没有意识到惊恐发作有一个可预测的模式，他们把注意力集中在恐慌的不合逻辑或不合理的方面，而没有注意到这种模式，这样他们的康复更加困难。

他们称"这没有任何意义……这是不合理的"，并放弃寻找任何惊恐发作的逻辑模式。他们感到灰心，因为如果他们不能理解某件事情，那么怎么能改变那件事情呢？虽然恐慌症发作的恐惧确实被夸大了，而且不真实，但惊恐发作的模式是可预测的且有规律的。其症状往往随着时间的推移而改变，但模式仍然是一样的。惊恐周期图描述了典型的惊恐发作的模式，如图 7-1 所示。

惊恐循环

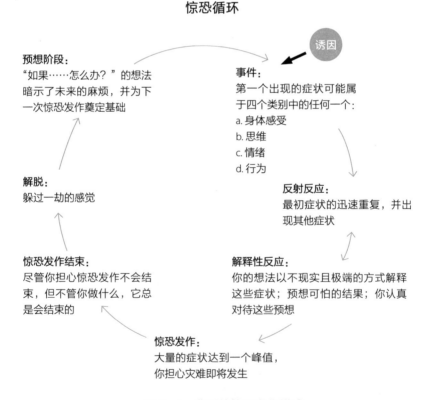

预想阶段：
"如果……怎么办？"的想法
暗示了未来的麻烦，并为下
一次惊恐发作奠定基础

解脱：
躲过一劫的感觉

惊恐发作结束：
尽管你担心惊恐发作不会结
束，但不管你做什么，它总
是会结束的

诱因

事件：
第一个出现的症状可能属
于四个类别中的任何一个：
a. 身体感受
b. 思维
c. 情绪
d. 行为

反射反应：
最初症状的迅速重复，并出
现其他症状

解释性反应：
你的想法以不现实且极端的方式解释
这些症状；预想可怕的结果；你认真
对待这些预想

惊恐发作：
大量的症状达到一个峰值，
你担心灾难即将发生

图 7-1 典型的惊恐发作模式

惊恐发作是一个循环的过程，可以从惊恐周期的任意一点开始。我们假设它始于我所标注的"事件"。我所说的事件是指一种焦虑症状，是内在的反应（尽管人们经常将惊恐发作归因于外部事物，比如人群或红灯）。

回忆一下你最近经历的一次惊恐发作——你记得比较清楚的，强烈且吓到你的。你首先注意到了什么事件（焦虑症状）?

_____

_____

惊恐周期图显示，往往有一个外部诱因触发了惊恐发作。比如，当你把车开到一个你想左转的十字路口时，遇到严重的交通堵塞，你感到喉咙里有东西堵住了，然后是呼吸困难。交通堵塞是诱因，身体症状是事件。

在上述你回忆的同一次惊恐发作中，是否有一个外部诱因引发了你的内在的事件? 如果有，这个外部诱因是什么?

_____

_____

像交通堵塞这样的诱因是如何引发你的身体变化的? 你对交通堵塞的情境产生了自动思维，立即对其做出了解释。这些解释让你身体出现症状、内心产生情绪反应，你无法自主控制，并且不能简单地告诉自己不要有这些想法。如果你害怕交通堵塞（或怕狗或怕其他东西），那么你一看到堵车就会有这样的自动思维。你可能头脑中会闪过你害怕的画面，你可能不会有意识地记住这些想法和画面，但它们会在那里。你甚至可能没有注意到当时的想法，因为你的身体如此迅速地进入"战或逃"的反应模式。但无论如何，这个心理暗示触发了惊恐发作的诱发事件。

在有或没有可观察到的外部诱因的情况下，都有可能发生惊恐发作。惊恐障碍症患者对于这两种形式的惊恐发作可能都经历过，当你更多地被惊恐障碍

"困住"的时候，你可能会发现自己不再需要一个外部诱因来触发惊恐发作。通常是只要想到你觉得有威胁的东西或感受到不受欢迎的情绪（比如愤怒）就足够了。有恐高症的人往往只需想到身处高处的无助情况或看到一部描述这种场景的电影，甚至无缘无故地想起过去看过这样一部电影，就会产生恐慌。

在任何情况下，你的内在事件比外部诱因重要。最初的内在事件可能是以下任何一种：

1. 呼吸困难或感到头重脚轻（身体症状）；
2. 思考"如果我在派对上惊慌失措怎么办？"（可怕的想法）；
3. 感到愤怒或害怕（情绪）；
4. 屏住呼吸，因为你一直在快速说话（行为）。

该事件只是一种恐慌症状，是你开始出现恐慌迹象时最先注意到的症状。第一个症状以一种看似自动、反射的方式触发了循环的下一个部分：反射反应。你更多地体验到自己已经经历过的第一个症状，仿佛一次快速的心跳，一次紧接着一次，就像一块石头从斜坡上掉下来引发的山体滑坡一样，你也开始出现其他症状。

许多这些附带的身体症状实际上是你对事件的反应引起的。比如，你若一开始感到呼吸短促，可能会紧张起来，那么你的呼吸将更加困难、更加费力，费力的呼吸会引发其他症状，比如头晕或头重脚轻。

在上述的惊恐发作中，什么反射反应（附带的症状）是由最初的事件引起的？

_____

_____

你可能会想，为什么这些症状会以那种方式开始涌向我？是什么产生了那种雪崩式的效果？

这些附带的症状发生在反射反应和解释性反应（周期的下一个部分）之间，通常患者感觉更糟糕。澳大利亚著名的焦虑症治疗专家克莱尔·韦克斯博士称之为"第二波"。

解释性反应是惊恐发作的一部分，你有意识或无意识地告诉自己，事件的症状和反射反应对你意味着什么，是我前面提到的"猜测"或"哦，我有麻烦了"这类想法的某种存在形式。

在上述的惊恐发作中，什么解释性反应（关于你的症状的想法）是由该事件引发的，以及你对该事件的反射性反应？

请注意，图 7-1 中反射反应和解释性反应之间的箭头指向两个方向，这两个反应之间发生的事情是双向的。对危险的解释导致了更多的身体症状，而身体症状又引起了更多可怕的解释。

无意识的含义

在进一步介绍之前，我解释一下我所说的无意识是什么意思，因为这个词对不同的人有不同的含义，而且往往会让人感到困惑。我只是用无意识来描述我不知道的或我没有注意到的思想、图像、感觉和行为。比如，当你现在阅读这篇文章时，你可能还没有意识到你脚下的地板……而现在意识到了。

解释性反应通常是对厄运的预感。人们可能看到头顶上有一架飞机，想象自己像个疯子一样正在飞机上惊恐发作，这是解释性反应。事实是他们看见了一架飞机，然后自己出现了反映内在恐惧的自动思维。当他们本能地抵制这些想法时，就会产生更多的反射反应症状——肌肉紧张、呼吸困难等。这反过来又导致了更加灾难性的解释性反应（"哦，不！又发生了！"），从而使这个循环继续下去。如果没有其他干预措施，这两种反应会升级，相互助长，制造更多的恐惧——对恐惧的恐惧——最终达到惊恐发作的顶峰。

接下来会发生什么？惊恐发作结束，总是这样的。尽管你经历了恐慌，但你没有死掉，而且你头脑清醒。

然而，有多少次你在惊恐发作时有这些想法："如果惊恐发作永远不会结束怎么办？"如果你没有正确的答案，这种想法会让恐慌的感觉加剧。

正确的答案是："这次惊恐发作会结束，因为它们都会结束。不是由我来决定的，无论我做什么，这次惊恐发作都会结束。无论我以最恰当的方式尽可能地让自己平静下来，还是用最糟糕的方式让自己更加激动，惊恐发作都会结束。惊恐发作的结束不是我可以左右的，我唯一能做的就是让自己尽可能舒适，同时等待惊恐发作结束。"

你也许好奇我怎么会知道你的惊恐发作会结束，因为我见过的所有惊恐发作患者的惊恐发作最终都会结束。

你是否曾经有过惊恐发作而没有结束的经历？

❏ 是 ❏ 不是

如果你回答"是"，我建议你与专业治疗师一起回顾一下你的恐慌的这一面。

惊恐发作会结束。当你的惊恐发作结束时，你感到解脱，你很高兴，你可能精疲力竭，你可能还有其他反应（积极的或消极的，取决于你的体验和你对惊恐发作的解释）。你可能会为自己的恐惧感到尴尬或羞愧、对再次发生这种情况感到愤怒、对你的生活如此容易被颠覆感到沮丧；或者，如果你用腹式呼吸法或其他一些技巧让自己感受好一些，那么你可能会为自己的努力感到鼓舞和自豪。

在第 81 页描述的惊恐发作中，你在惊恐发作结束后经历了哪些积极情绪？

_____

_____

你经历了哪些消极情绪？

_____

_____

但在某些时候——可能是下一个小时、第二天或下一周——你一定会经历一些"如果……怎么办？"的思考。于是，你进入预想阶段，你开始惧怕惊恐发作再次发生，并希望它不会再发生。一旦你开始这样担心，惊恐发作极有可能发生，你就会再次进入惊恐的恶性循环中。

这就是为什么我说惊恐发作可能在惊恐周期的几个点开始，这使得了解一个人在预想阶段开始惊恐发作和从事件本身开始惊恐发作一样有意义。它们都是一个循环中的点，不断地在同一模式中循环。

本章所描述的惊恐循环与你的恐慌经历相比如何？是否有什么重要的区别？

_____

_____

该循环模式是否准确地描述了你的体验？如果不是，为什么不是？

_____

_____

如果该循环模式不能充分描述你的惊恐发作的某些方面，你会怎样修改以更好地适应你的经历？

_____

_____

打破惊恐循环

如果你认为我在这里描述的惊恐周期或你的修改版本是对你经历惊恐发作的合理描述，那么你就可以用它来找出你如何能打破惊恐循环。

首先，还有几个问题：

在你开始惊慌失措的时候，你是否曾被好朋友的突然造访、一个重要的电话、孩子摔倒受伤或其他一些需要你关注的意外事件打断过？

❏ 是　❏ 不是

你后来是否记得自己已经开始恐慌了，并意识到惊恐发作只是在你被打断后才结束？

❏ 是　❏ 不是

大多数惊恐障碍患者都有这类经历。如果你有，请使用以下问题，对你的经历进行简要描述。

我在＿＿＿＿＿＿＿＿＿＿＿＿＿＿，做＿＿＿＿＿＿＿＿。

我注意到以下症状，我认为自己开始恐慌了。

＿＿＿＿＿＿＿＿＿＿＿＿＿＿＿＿＿＿＿＿＿＿＿＿＿＿＿＿

＿＿＿＿＿＿＿＿＿＿＿＿＿＿＿＿＿＿＿＿＿＿＿＿＿＿＿＿

然后，以下意想不到的事件发生了。

＿＿＿＿＿＿＿＿＿＿＿＿＿＿＿＿＿＿＿＿＿＿＿＿＿＿＿＿

＿＿＿＿＿＿＿＿＿＿＿＿＿＿＿＿＿＿＿＿＿＿＿＿＿＿＿＿

这次中断的结果是

＿＿＿＿＿＿＿＿＿＿＿＿＿＿＿＿＿＿＿＿＿＿＿＿＿＿＿＿

＿＿＿＿＿＿＿＿＿＿＿＿＿＿＿＿＿＿＿＿＿＿＿＿＿＿＿＿

大多数惊恐发作患者都发现了他们的想法和恐慌之间的关联。也许当他们在进入一家大型杂货店时，产生了这样的想法："如果我在这里惊恐发作怎么办？"他们被这个想法吓到了，以至于他们几乎立刻就惊恐发作了。或者也许他们已经注意到，当他们分散对恐慌的注意力时，恐慌会更快地消退。这往往导致人们沿着这个思路思考："如果我不去想它，我就不会惊慌。"所以他们试图通过完全回避这个话题来转移自己的注意力，希望这样可以保护自己不受恐慌的影响。

不幸的是，这可能会给自己带来很多麻烦。当然，至少在某些情况下，分散注意力可以打断、阻止惊恐发作。但是这种分散注意力的力量来自外部世界——他人做了什么分散了你的注意力。问题是，你不能指望在你需要的时候有一个分心的东西摆在那里。

人们经常试图分散自己的注意力，那是行不通的。因为当你那样做的时候，你知道自己为什么要分散自己的注意力，以及分散哪些方面的注意力。一个试图分散自己注意力的人的内心对话或自我对话，是这样的：

"别再想了！"

"嗯，别再想什么？"

"呃呃呃呃！你又在想了！"

试试这个经典的实验：

在接下来的 30 秒内，不要去想白熊，现在就试试，怎么样？

分散注意力作为应对恐慌的一种策略，其作用确实有局限性。你越是刻意地分散自己的注意力，就越不可能达成目标。除了分散注意力不能可靠地发挥作用这一事实外，还有其他一些理由可以说明其不可依赖性。

分散注意力背后的想法是，如果你不去想恐慌，你就不会感到恐慌。这往往导致人们认为，思考恐慌就足以导致惊恐发作。事实并非如此简单，这样的假设产生误导。

你是否曾经在感到恐慌的时候拿出一瓶阿普唑仑（Xanax，一种安神类药物），只看一眼就感觉好了？

❏ 是　❏ 不是

你是否服用过阿普唑仑，并在服用后立即得到了缓解，甚至在此药能够真正起作用之前就得到了缓解？

❏ 是　❏ 不是

你是否曾经开始惊慌失措，然后你的支持者赶到或打电话给你，你就感觉好多了？

❏ 是　❏ 不是

你是否曾经开始恐慌，并发现当你拿出一些关于恐慌的书面材料（比如这本书或你自己的书面观察）时，你的惊恐发作就结束了？

❏ 是　❏ 不是

当人们看到或服用阿普唑仑时，他们知道这是一种治疗惊恐发作的药物。当他们看到自己的支持者时，他们知道这个人可以帮助他们不恐慌。当他们回顾自己的恐慌书面材料时，他们就会想起恐慌的某些方面。在这些情况下，人们没有被从恐慌的主题上明显转移注意力，但他们往往开始感觉更好。

他们在思考恐慌，而不是从恐慌中转移注意力，这样他们感觉更舒服。因为他们没有以一种特殊的方式来思考恐慌，他们的观点已经改变了。他们从一个观察者的角度而不是从一个受害者的角度，以一种更现实、更少灾难化的方式来思考恐慌，他们不再参与恐慌的自我对话。

什么是自我对话？

自我对话只是自我思考的过程，是关于世界和自我在世界中的位置的问题。日复一日，年复一年，成年人往往就这样在不知不觉中思考着。我们可能都以类似的方式学会了样思考，但由于我们当时年岁小，已不记得整个过程了。小时候，我们是有声思维（大声地对自己说话），然后逐渐地学会了把话放在脑子里。

自我对话是在潜意识里发生的，你把它当作背景声音来听，而不去注意它，这对你的影响更大，因为你没有注意到你在对自己说什么，因此不去质疑，也不去分析。

但是，即使你没有密切注意自己的自我对话，你的身体仍然会收到信息，你的身体会做出反应，就像它是真的一样，即使它不是真的。当你的自我对话合理、积极或符合现实的时候，是利好的；但当你的自我对话消极和不切实际的时候，会给你带来很多麻烦。

想象一下柠檬的样子

想象一下，在你的手中拿着一个黄色的柠檬，感受柠檬的两个不同的端点、柠檬皮的纹理：用指甲在上面刮一刮，把柠檬放在你的鼻子下面闻一闻；切开柠檬，用手指沾上一些柠檬汁，再闻一下，尝一尝柠檬汁。

如果你像大多数人一样，不需要做上述的事情，光是大脑里想象一下柠檬的样子，你就会注意到自己的嘴里分泌了一些额外的唾液。你不必拿起一个柠檬品尝，仅仅在你的脑海中想象一下，就足以让你的身体分泌一些额外的唾液来帮助消化不存在的柠檬。

我们在头脑中思考的和想象的东西会对我们实际的身体体验产生影响，我们的想法和自言自语不只是闲聊，它们可以且确实会影响我们的身体体验。我们的头脑和自己的身体并不是两个分开的且互不相关的实体，而是我们自身相互关联、相互协作的共同体。

恐惧性的自我对话

恐惧性的自我对话是一种为惊恐发作创造条件的思考和自言自语。这种自言自语里都是微妙的或不那么微妙的建议和暗示，潜移默化地影响着人们，使人们处于预想的恐慌状态。恐惧性的自言自语有三个特点：

- 不真实的。

- 消极的。

- 持久的。

恐惧性的自我对话在惊恐周期的两个关键阶段起作用：解释性反应和预想阶段。在此期间，你可以通过观察和处理你的想法让自己受益最大。

解释性反应中的恐惧性自我对话有两个主要因素：将自己的不适误解为危险（这是一种欺骗）和与自己的焦虑想法争论。比如，当你感到头晕或头重脚轻时，你以为自己要晕倒，而事实是你呼吸短而浅，或者可能是你屏住了呼吸；当你感到胸闷或有压力时，你以为自己心脏病要发作了，而实际上是你的胸部肌肉因呼吸浅而收紧了；当你发现自己被自己飞快的想法弄得晕头转向时，你以为自己疯了，而实际上是你感到不安与困惑。

你可能会发现自己太过努力地与自己讲道理或纠正自己的想法，结果却感到更加烦躁。有多少次，一些好心人对你说"冷静！"或"别担心！"？有多少次你听进去了呢？

这些都不起作用，事实上，这会让大多数人变得更加委屈、更加焦虑。当你那样对待自己的时候，并没有任何效果。比起与它们争论，接受这些想法才更有可能让你安定下来。

暗示的力量

下面是我自己生活中的一个例子。我承担了粉刷我的公寓内墙的任务，借助梯子我把其他的墙都刷好了，但当我刷到客厅大落地窗边缘的墙壁时，我记得我当时在想，万一我在梯子上绊倒或跌倒，我可能会撞破玻璃，从四层楼摔坠到停车场。在整个粉刷窗边的过程中，我非常清楚地意识到我不能绊倒，于是我活下来了。但当我把那面墙刷好，从梯子上下来后，你猜猜发生了什么？

如果你猜到我在安全落地后被绊倒了，那么你就猜对了。我想这与我在梯子上刷墙的整个过程中都在考虑绊倒的问题有关。不要绊倒的自我暗示太强了，以至于当我不在梯子上时，所有关于不要绊倒的想法导致我被绊倒了。

在那种情况下，每个在粉刷大落地窗边墙壁的人俯瞰下面的停车场时都会有同样的反应吗？不。可能有很多人都不会考虑这个问题，可能有一些人不会站到梯子上。而我呢？我有轻微的恐高症，借助矮梯子刷墙没问题，但我也不是没有那种想法（万一我从梯子上摔坠到停车场）。

在那种情境下，关键要认识到那些想法导致自己不舒服了，而不是真的面临实际的危险。

如果你能倾听某人在惊恐发作时的想法，那么你可能会听到以下的一些声音：

- "我无法忍受！"
- "每个人都在看着我，我想知道出了什么问题！"
- "我被困住了！"
- "我必须离开这里！"

惊恐周期的解释反应阶段，你在思想中听到的错误解释有哪些？

_____

_____

恐惧性的自我对话在预想阶段主要包括"如果……怎么办？"的信息，涉及你想象中可能发生的可怕事情。比如：

- "如果我得了心脏病怎么办？"
- "如果我晕倒了怎么办？"
- "如果我抓狂了怎么办？"
- "如果我吓坏了，开车时掉到桥下怎么办？"
- "如果我吓坏了，丢下我开的车，开始在高速公路上奔跑呢？"
- "如果我在那家非常安静且安全的珠宝店里开始尖叫怎么办？"
- "如果邻居们邀请我参加他们女儿的婚宴怎么办？"

对于这种类型的预期担忧，有一个简单的模式。

说"如果"，然后在空白处填上一些现在没有发生的可怕的事情。大多数恐慌和恐惧症患者经常这样想。你呢？

在惊恐发作之前或惊恐发作期间，你在自我对话中注意到哪些"如果……怎么办？"的想法。

如果＿＿＿＿＿＿＿＿＿＿＿＿＿＿＿＿＿＿＿＿＿＿＿＿＿？

如果＿＿＿＿＿＿＿＿＿＿＿＿＿＿＿＿＿＿＿＿＿＿＿＿＿？

如果＿＿＿＿＿＿＿＿＿＿＿＿＿＿＿＿＿＿＿＿＿＿＿＿＿？

如果＿＿＿＿＿＿＿＿＿＿＿＿＿＿＿＿＿＿＿＿＿＿＿＿＿？

如果＿＿＿＿＿＿＿＿＿＿＿＿＿＿＿＿＿＿＿＿＿＿＿＿＿？

有些人说他们从未有过这种想法，这是有可能的。但我认为更有可能的是，他们已经习惯了这种自我对话，以至于他们不怎么有意识地关注。但是，自我对话不需要有意识的注意，就能产生吓唬你和启动惊恐循环的效果。有时这些想法来自潜意识，是自动的。你的心中产生了焦虑的情绪，而你却不明白这种焦虑情绪来自何处。有时这些想法显而易见，你会陷入与它们的争论中或者你在竭力转移自己的注意力。

填空：

每当我看到（或访问）＿＿＿＿＿＿＿＿＿＿＿＿＿＿＿＿＿＿（某个物件或某个地方），

我就会想起了我在＿＿＿＿＿＿＿＿＿＿＿＿＿＿＿惊慌失措（以前惊恐发作的地点）。

那时候我开始觉得＿＿＿＿＿＿＿＿＿＿＿＿＿＿＿＿＿＿＿＿＿（身体感受），

并开始担心我将会＿＿＿＿＿＿＿＿＿＿＿＿＿＿＿＿＿＿＿（那时你担心的灾难）。

当我现在想起这些时我发现自己在思考，"如果＿＿＿＿＿＿"（你现在预想的
灾难）？

你还有要增加的内容吗？

＿＿＿＿＿＿＿＿＿＿＿＿＿＿＿＿＿＿＿＿＿＿＿＿＿＿＿＿＿＿＿＿＿＿＿＿＿＿

＿＿＿＿＿＿＿＿＿＿＿＿＿＿＿＿＿＿＿＿＿＿＿＿＿＿＿＿＿＿＿＿＿＿＿＿＿＿

想象一下，听到那些可怕的想法，你的身体会如何反应。你的身体是一种
无辜的且真实的存在，不管真假如何，身体对听到的任何东西都会做出反应，
仿佛是真的一样。你的身体对一个想象中的柠檬所产生的唾液与品尝一个真实
的柠檬几乎一样多；你身体在过山车上产生的恐惧与你从屋顶上摔下来的恐惧
也是一样的。因此，当你的身体听到这些关于灾难的暗示时，将会怎么做呢？
身体知道只是听到了恐慌周期的预期阶段的空洞威胁、虚假预想……或者不
是？身体是否有责任保持冷静、沉着、镇定？

回想一下你在本章前面的练习中所描述的惊恐发作。你的身体经历了
什么？

＿＿＿＿＿＿＿＿＿＿＿＿＿＿＿＿＿＿＿＿＿＿＿＿＿＿＿＿＿＿＿＿＿＿＿＿＿＿

＿＿＿＿＿＿＿＿＿＿＿＿＿＿＿＿＿＿＿＿＿＿＿＿＿＿＿＿＿＿＿＿＿＿＿＿＿＿

如果你在未来发现自己处于同样的情况，你是否想象自己的身体会经历同
样的感受？

❏ 是 　❏ 不是

为什么或者为什么不呢？

_____

_____

当你有灾难性的想法时，身体自然会触发应急反应，于是肾上腺素迅速增加，心跳加速，让你感觉自己想要逃离的样子。当真的有紧急情况发生时，灾难性的想法给你提供了你需要的能量和动力来保护自己。但如果没有遇到真正的危险，却想逃离，那么只会让自己感到害怕。

人们往往低估了自己的思想创造恐慌的力量，并认为那些是一种纯粹的生物现象。"难道不是由于体内化学物质失衡吗？"这是我经常听到的一个问题。

体内的化学物质的变化肯定会影响惊恐发作，因为人体就是由化学物质组成的。在治疗惊恐发作的药物中使用某些化学物质也确实可以帮助一些人。但是"体内化学物质失衡"的解释忽略了慢性惊恐障碍的一些最重要的方面。这里有一个练习帮助澄清这一点。

写下两种你非常确定自己会惊恐发作的情况。

1. _____

2. _____

写下两种你极不可能会惊恐发作的情况。

1. _____

2. _____

思考以下问题：

你体内的化学物质是如何影响你的？

如果你像大多数人一样，你用你的自我对话告诉自己体内的化学物质——它们就是这样影响你的。

你可以学习如何以不同的方式与恐惧性的自我对话联系起来，向体内化学物质发送一个信息：你只是紧张，仅此而已。

欢迎改变

一旦你实施你需要的定期曝光练习，你会注意到自己的生活中出现了一些变化：

- 你会注意到你的惊恐发作的平均严重程度越来越小。
- 你会注意到惊恐发作的平均间隔时间越来越长。
- 你会注意到惊恐发作的平均持续时间越来越短。
- 你会把"如果……怎么办？"的想法解释为紧张的症状，而不是对灾难的预测。
- 你会注意到，你对回避和其他安全行为的使用减少了。
- 你对恐惧的担心逐渐减少。
- 最后，当你失去对惊恐发作的恐惧时，也就是惊恐发作消退的时候。

退出惊恐循环

我们把注意力转回到惊恐循环上。你可能有过这样的经历，当你开始恐慌，却被自己的行为或想法打断，或被他人的行为打断，这些中断是很常见的现象。

即使惊恐发作开始了，你也不一定会自动跟进全面发作。根据你所做的事情，以及你对惊恐发作初始阶段的反应，你可能会继续全面发作，也可能完全跳过去了，惊恐全面发作不是必然发生的。

我所称的事件确实应该有不同的名字，它是对惊恐发作的邀请，而不是命令。根据你对邀请的反应，你可以接受也可以拒绝。如果你认真对待恐惧性的自我对话，并陷入挣扎以使其消失，你就可能会去参加聚会。但是，如果你认识到恐惧性的自我对话是一堆废话，并且观察这些想法而不卷入斗争，你可能不会去参加聚会。

实际发生的情况——你是否惊慌失措——取决于你对邀请的反应。当你不以消极的、可怕的、不现实的方式和自己说话；当你不挣扎着保护自己，你一般不会恐慌。相反，你会应对并退出这个循环。

但是，当你把你的恐惧性的自我对话看得很重，并努力保护自己时，你就很可能感到恐慌。你的身体会对恐惧性的自我对话做出反应，就像危险是真的一样。

这种对恐慌的邀请，以及你在回应这种邀请时所面临的选择，在图 7-2 中有所描述。

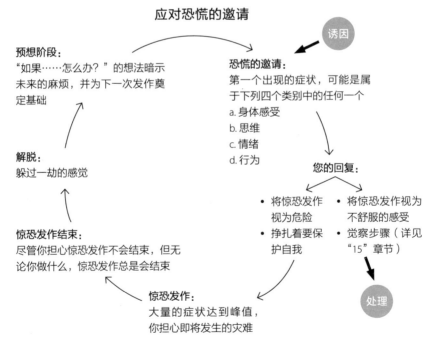

图 7-2　惊恐循环示意

惊恐发作的一个基本要素是，你的内心对周围发生的事情的不切实际的且可怕的错误解读。正如我们已经看到的，当你的注意力从这种吓人的自我对话中分散，或者当你和一个支持你的人在一起时，你就不会恐慌。但你不能总是指望惊恐发作的时候，有外在分散注意力的事情发生或你的支持者和你在一起。

关于牙医最糟糕的事情

我曾有一位女性来访者（假设她的名字叫戴安），她具备诊断惊恐障碍的其中一个条件——她患有多种恐惧症。随着时间的推移，她克服了驾驶恐惧、电梯恐惧、购物恐惧、去看医生的恐惧（牙医除外）和许多其他恐惧。但是，我不明白的是为什么无论我们做出了多少努力，她仍然不敢去看牙医。

最后，有一天她这样对我说："我最讨厌去看牙医是因为他们把我锁在椅子上。"

我意识到她说的是围嘴。

围嘴上确实有一条链子，当你坐在椅子上时，牙医确实把那条链子放在你身上，目的为了舒适和清洁，而不是为了禁锢，但牙医实际上并没有把你锁在椅子上。

当然，她知道这一点。但她也认为牙医的椅子是一个陷阱，除非牙医说她可以离开，否则她无法逃脱。许多人都对牙医有这种感觉。这些想法在潜意识中运作，使她对去看牙医感到焦虑，以至于她无法预约牙医。

了解了这一点之后，我们下一步要做的就是帮助她在看牙时建立更多的自我掌控感。她安排了与牙医交谈，并告诉医生自己患有惊恐发作，以及她需要在牙齿治疗的过程中休息一下。他们一起制定了一些她可以使用的手势信号，这给了她足够的控制感，使她能够计划并参加多年来的第一次牙科预约。

思维——无论多么合理或不合理——真的很重要。

如果可以找到一些其他方法来改变恐惧性的自我对话，你就会有更好、更可靠的方法预防恐慌的发生，惊恐发作就会被克服。所以，你只要摆脱了恐惧性的自我对话，恐慌就被克服了。

很好，是吧？但是，有一个问题。

一旦你对惊恐发作很敏感，就没那么容易摆脱它。如果真有那么容易，而且你也那样做了，就不会读这本书了。

练习、练习、练习

当你怀疑你的生命或理智岌岌可危时，你需要一些积极的自我对话以外的东西来帮助自己。其他任何人说什么都不够。你能告诉自己的最恰当的事情将是你从自己的个人经历中知道的真实情况。当你听到这样的问题："如果我惊恐发作怎么办？"最恰当、最可靠的答案将是这样的："没关系，如果我在这里惊恐发作，我会做和上次一样的事情，那次效果很好。"你自己意识到你知道如何应对惊恐发作，这是平息惊恐发作的最好方法。而达到这样的认识只有一个途径：你需要练习应对恐慌，这就是问题所在。

你需要进行应对恐慌的练习——随着时间的推移，你自己可以确定自己可以应对恐慌的暴露练习。这是你重新训练你的杏仁核的方法，帮助它成为不乱叫的"看门狗"。当你从自己的实践中看到自己能够应对时，惊恐发作的频率和严重程度会随着时间的推移而减少。

你可能更愿意找到一种帮助你恢复，而不会再感到恐慌的方法，谁不愿意呢？然而这只是恐慌欺骗你的另一种方式——当你在等待一种新的奇药被发明出来或者等待惊恐障碍自行消失，而恐慌变成了你生活中一个更根深蒂固的习惯。

已被证明对惊恐发作和恐惧症最有效的方法被称为暴露疗法——就是说，接触恐慌，以便你练习以接受的方式对其做出反应，而不是用抵抗的方式来应对。暴露练习使你有机会与恐慌待在一起，而不是与之对抗。

恐慌诱导你以为自己必须以某种方式预防或避免恐慌，但事实恰恰相反，终结恐惧的唯一途径就是暴露练习。下一章节将帮助你准备你需要的练习。

为康复
奠定基础

Part 2

08

解除保密性和耻辱

. . .

谁知道你有恐慌和恐惧症的问题?

列一个清单。谁真正了解恐慌和恐惧症?

大多数人都试图对自己的惊恐发作保密。我们来看看保密对惊恐发作究竟发挥了什么作用。

人们编造了许多借口来掩盖自己的恐慌,当他们收到邀请参加可能导致惊恐发作的活动时,他们常常会想出一些理由来拒绝邀请。他们可以简单地说:"我不想参加那个活动。我一直有惊恐发作的问题,我想如果我去那家餐厅,我可能会惊恐发作。"但大多数有惊恐发作的人感到羞愧,不敢直接说出来。他们认为如果人们知道自己的问题,会看轻自己——可能会认为他们是"疯子"。

他们常常担心,如果自己的恐慌吸引了其他人的注意,那么问题可能会恶化。他们不希望有人每隔五分钟就问他们:"你还好吗?"因为这将使他们更加焦虑,或者他们不想向别人提及自己的问题,因为他们认为这不关别人的事。

将恐慌隐藏起来是如此自然,以至于许多人从不考虑任何替代方案。他们只是假设,没有考虑清楚,就认为这是唯一的方法。当他们了解到还有另一种方法时,他们往往会感到惊讶:"你的意思是……如实相告?"

如果我有动力将问题保密，这说明了什么？

有一名来访者非常执着于污染的问题，他觉得自己有责任检测并清除附近可能存在的任何污染，他告诉我他在一次聚会上的情况。在茶水桌上有一叠一次性饮料杯，他看到一个他认为被污染的杯子，于是小心翼翼地走到桌子边，站在桌子前面，这样没有人可以看到他身后的杯子。他把手伸到身后，拿起那个被污染的杯子，把杯子压碎，放进口袋，以便以后安全处理。

我承认这是一个善意的行为，旨在防止对他人的伤害。但我想知道他为什么要隐瞒此事。我问他为什么不走到桌子旁边，向大家宣布其中一个杯子脏了，并立即把它扔掉。

他笑了，说："那就真的很尴尬了，也许那杯子可能没有什么问题！"

这就是喜欢保密而不直接沟通可能带给自己的麻烦，或许这个想法有一点不真实，以至于让人觉得尴尬！

的确，你的惊恐发作不关任何人的事，只关乎你自己。关键是你要以一种有助于康复的方式处理自己的惊恐发作。如果你决定告诉大家你的恐慌，原因不是他们应该知道，而是告诉他们将有助于促进你的康复。

我们思考一下人们是如何利用秘密和欺骗的，以及他们所收获的。下面是一些典型的例子：

- 你接受了一次约会邀约，你喜欢对方，但担心自己会被困在那里，而且你的约会对象可能不同意提前离开。为了在你感到惊慌时有一个稳妥的退出计划，你编造了一个借口，要求你们分别开车去赴约。
- 你的老板要求你在即将召开的员工会议上介绍你的工作，你虽然同意了，但是暗地里打算在那天请病假。你在自己的桌子上留下了详细的笔记，以便别人可以用你的笔记来向大家介绍情况。

保密的副作用

在每一种情况下，借口都会给你创造离开的机会，这看起来像你成功了，但就像大多数药物都有某种副作用一样，使用秘密和欺骗也有副作用，其中有些是无害的，有些是有害的。

副作用一：设想最坏的情况

秘密的一个后果是，你永远不会知道人们对你的秘密的实际反应。相反，你还会想象他们会有什么反应。如果你和大多数焦虑症患者一样，总是想象最坏的情况——人们听到你的恐惧后，会有厌恶和嘲笑的反应，你最终会产生符合你预想的可怕情绪。虽然你的朋友可能有完全不同的看法，而且他们自己可能也经历过惊恐发作，但是你的身体和大脑还是会对自己最坏的预想（仿佛是真的一样）做出反应。

实际上，当你开始公开那个秘密时，你的朋友很可能会做出积极的、支持性的反应。那么，你保密的副作用很可能是你对自己的感觉比你把自己的问题分享出来的时候更糟糕。你的隐瞒和借口避免了潜在的尴尬，但你仍然恐慌，甚至比以前更甚。

尴尬如何帮助恐惧症患者

如果你因惊恐发作而感到尴尬，那么这意味着什么？

这种情况很常见，一个在与朋友共进午餐时惊恐发作的人，可能会试图隐瞒这一事实，并提前结束用餐，而不透露自己的苦恼。与他人同车旅行的人可能会试图忍受惊恐发作，直到他们到达目的地，而不是要求司机停车。这些是典型的恐慌经历：对惊恐发作感到尴尬，并试图掩饰自己的症状。

谁会因为在遭遇抢劫或车祸而感到尴尬呢？

没有人。

你因惊恐发作而感到尴尬，是因为你认识到"没有充分的理由"感到如此恐惧，你认为你的恐惧是过度的且不合理的。你意识到自己并没有真正处于危险之中，可是你还是害怕。

这种反馈非常有帮助：当你因惊恐发作而感到尴尬时，其实是在提醒自己正经历着不适，而不是危险。你可以把尴尬作为一个信号，提醒自己把恐慌当作不适来对待，这意味着接受恐慌并与之共处。

写下一个不知道你惊恐发作情况的亲密朋友或亲戚的名字。

_____

你想象一下，如果你今天告诉朋友你的惊恐发作，那么这个朋友会有什么反应？

_____

_____

如果情况相反，你的朋友告诉你，他们患有惊恐发作，你会如何反应？

_____

_____

考虑到因惊恐发作感到尴尬其实是提醒你身体正体验不适而非危险，你还认为保密对你有好处吗？

_____

_____

副作用二：感觉像个骗子

当你保守自己"见不得人"的秘密时，你往往会对自己的成就以及与他人的关系打折扣。你很容易相信，如果人们知道了真相，就不会喜欢自己、不会尊重自己、不愿与自己为友了。如果你认为自己一直在愚弄别人，那么就很难在自己的成就或关系中获得抚慰。

有讽刺意味的是，被愚弄的通常是那些有秘密的人，而不是他们的朋友。他们通常是优秀的、卓有成就的且令人喜爱的。他们的恐惧症无论多么严重，都不会改变他们的高价值，但他们不会明白这一点，除非他们公开自己的秘密，告诉人们自己的问题，并意识到他们仍然被接纳和重视。

如果你现在问你的朋友或亲戚，他们是否认为你是一个优秀的、有成就的且讨人喜欢的人，你认为他们会怎么说？

_____

_____

他们可能会指出哪些成就和美德来支持自己的观点？

_____

_____

如果你透露了惊恐发作和恐惧症的秘密，那么在这些成就和美德中，哪些可能让他们改变主意？

_____

_____

副作用三：忧虑和焦虑的增加

秘密的第三个问题是，当你和别人一起去某个地方的时候，你可能会因为担心要保守秘密而不能充分享受那个场合。"如果我没有扮演好我的角色怎么办"的想法会困扰你，让你感到痛苦、焦虑、惊慌失措。

有些人去餐厅时向自己保证，如果他们非常焦虑，那么就可以借口去洗手间，也可以往脸上拍点冷水，然后独处几分钟。但他们也会担心去卫生间次数多了，他们的同伴会不会怀疑自己出了什么问题？他们一心想要避免这种潜在的关注，所以限定自己上厕所一次，然后决定要把这次上厕所留到"真正的紧急情况"时再去，所以他们根本就不能上厕所，他们在保密方面的努力最终使自己感到更加束手无策，容易产生恐慌。

你能想到哪些安全撤离的策略实际上最终使你感到更加束手无策？

_____

_____

副作用四：社会隔离

如果你习惯性地找借口拒绝邀请，那么你就剥夺了自己与朋友相处的潜在乐趣。而你的朋友会注意到，如果你一直这样做，人们会对你为什么总是拒绝他们形成自己的看法；如果他们不知道真正的原因，他们很可能会猜测你不喜欢他们的陪伴，并不再尝试与你保持联系，这样你就会在社会上变得孤立，陷入恐惧之中。

想一想最近一次你编造了借口来回避与朋友相聚的情况，你没有透露自己不想去的原因是恐慌。谁邀请了你？去做什么？

_____

_____

你找了什么样的借口？

_____

_____

你的朋友是如何反应的？

_____

_____

你有什么感受？

_____

_____

你是否经历过上述的任何副作用？是哪些？达到什么程度？

_____

_____

握手的秘密

我曾有一名来访者，他一生都在担心自己紧张的时候在别人面前手会发抖。他讨厌这个情况，觉得手抖暴露了他是一个不稳定的人。成年后，他一直在努力向别人隐瞒这个问题，他避免参加任何别人能看到他用手的活动——写字、开车载人、弹钢琴。他只有在喝了几杯后，才能忍受与别人一起用餐。

我通常要求我的来访者在预约结束后给我写一张支票，所以在我们最初的电话交流中，我问他是否可以接受，他说可以提前写好一张支票。我同意了，但建议他考虑不那样做，这样他就可以尝试在我面前写字。他来到了我的咨询室之后拒绝当着我的面写支票，我们中的一个人可以离开咨询室，这样他就可以自己单独在咨询室写东西了，他说他会考虑的。

当他来第一次来咨询室时，他还没有带写好的支票，所以我们一开始咨询就是写支票。他拿出支票簿，毫不费力地写支票，我惊讶于他的手没有抖，并问他为什么手没有抖。他说总共带了 28 张空白支票，他确信自己能够完成书写，因为他非常肯定自己不会把 28 张空支票都写坏。他说，如果他因为手抖而无法支付给我咨询费，那么他会觉得很丢脸，也不会回来再继续咨询了。

我问他是否愿意再做一个实验，他同意了。这个实验是把他刚写好的支票以及剩下的 27 张空白支票中的 26 张撕掉，这样就只剩一张支票了。我们一起撕掉了支票，他写好了最后剩的那一张支票，支票上的字清晰可辨，他的手在写支票的时候也没有发抖。后来，我问他写支票的时候手为什么没有抖，似乎他所担心的是很有可能无法正常完成支票的书写。他告诉我他的手在写支票的时候没有发抖，是因为我已经知道他的手发抖的问题。

"我想是的。"他回答。

秘密就是这样运作的，保守恐惧的秘密会增强恐惧，而公开秘密会削弱恐惧。

当我的大多数来访者用选择性的自我披露来代替秘密时，他们就能更快地走向康复了。这并不意味着把你的烦恼告诉所有你认识的人，相反，要慎重地采取下面两个步骤：

- 识别那些自我披露可能有助于你康复的友谊，在决定进行自我披露之前，评估自我披露的成本和效益，然后再决定是否继续。
- 对于每一个你选择向其透露病情的人，都要提前计划并决定透露哪些内容以及如何透露。

评估选择性披露的代价和好处

想出三名你了解的把你的最佳利益放在心上的朋友或家人。从那些真正支持你的人开始，不要关注他们理解问题的能力，只关注他们与你关系的质量。想出第一个人（把名字写在下面的横线上），并回答关于这个人的所有问题。

名字＿＿＿＿＿＿＿＿＿＿＿＿＿＿＿＿＿＿＿＿＿＿＿＿＿＿＿＿＿＿＿＿

保守秘密的好处是什么？

＿＿＿＿＿＿＿＿＿＿＿＿＿＿＿＿＿＿＿＿＿＿＿＿＿＿＿＿＿＿＿＿＿＿＿＿

＿＿＿＿＿＿＿＿＿＿＿＿＿＿＿＿＿＿＿＿＿＿＿＿＿＿＿＿＿＿＿＿＿＿＿＿

保守秘密的消极副作用是什么？

披露的潜在好处有哪些？

披露的潜在负面效应有哪些？

　　使用下面的提纲来识别和评估你向朋友或亲戚保守恐慌和恐惧症的秘密的代价和好处，使用第 105 页至第 109 页所描述的保密的副作用作为指导。试着定义你的行为和环境的变化，而不仅仅是情绪上的不舒服的感受。比如，如果你透露自己的麻烦，你可能会感到难堪。但是尴尬的感觉无论多么不愉快，都只是一种情绪，而且是一种暂时的情绪。人们有时认为自己在尴尬时会崩溃或哭个不停。如果你在告诉别人你的恐慌时，预计自己会有负面的情绪反应，那么试着预想这种情绪会如何改变你的行为。

　　如果自我披露之后你的感觉良好，那也不能说明全部问题。如果告诉别人你的问题让你感觉好，那可能会导致什么具体事件或变化呢？

　　如果可以的话，将代价和好处归结为可观察的结果。当你确定一个情绪变化为结果时，问自己："如果我有这种感觉，会如何改变我的行为？"如此反复，直到你发现自己的行为变化的方式。

　　我们可以考虑几个人一起利用这个练习进行自我披露。记住，任何自我披露都是为了获取一些对自己的康复努力有帮助的东西。希望你能找到几个人，与他们进行坦诚的讨论或许会让你获益。

姓名：	
保密	
好处	消极副作用
披露	
好处	消极副作用

姓名：	
保密	
好处	消极副作用
披露	
好处	消极副作用

姓名：	
保密	
好处	消极副作用
披露	
好处	消极副作用

使用自我披露的方法

选择性披露能让自己获益。关于如何做到这一点，下面是一些建议：

首先，告诉对方你有事情要讨论，安排一个时间，不要让对方感觉此次谈话是你一时兴起。最好的办法是与对方取得联系，告诉他你有事情想和他一起聊聊。计划一个半小时左右的时间，这样双方都不会因为其他事务而感到匆忙。挑选一个方便谈事情（有隐私）的地方。如果你愿意的话，可以安排吃饭或喝饮料（仅限不含酒精的饮料）时进行，但不要太过随便，以免疏忽了主要事务；或者在散步的时候计划你们的谈话，这样你们可以一边走一边说，如果你的朋友想提前知道话题是什么，那么只需解释你有几件想讨论的事情。不要太过神秘，但要按照你的计划来安排谈话，而不是为了完成谈话而信口开河。

你的朋友可能会等着你来提及问题，因此当你们聚在一起时，尽量减少闲聊，要尽快进入主题。即使你可能会焦虑，也要直奔主题。允许自己有任何反应，因为抗拒只会使情况更糟。如果你认为自己可能会哭泣，请带足纸巾。

下面是典型的开场白，你可以根据自己的目的进行调整：

"谢谢你能过来。我遇到了一点麻烦，我想和你谈谈会对我有帮助。我不会死，我也不想借钱。我不需要你真正为我做什么，只是我不想把这个秘密藏在心里。"

"你可能已经注意到我最近一直在回避一些事情，比如：

_____"

"这是因为我一直有惊恐发作。你对惊恐发作有了解吗？"

然后解释一下惊恐发作，以及它们如何影响你，如何导致你避免参加某些活动。从未经历过惊恐发作的人听后会经常感到难以理解，所以这里有一个建议：大多数人似乎都明白幽闭恐惧症是怎么回事，所以你可以解释说，惊恐发作像幽闭恐惧症，但与具体的狭小空间无关，在其他拥挤的、难以离开（如高速公路）的以及任何类似的情况下，都会有类似于幽闭恐惧症的感觉。如果你的朋友想了解，你可以告之一些书籍和网站，方便他们查阅。但请记住，你的朋友不一定要完全理解，自我披露是为了你好，而不是为了他们好。

如果你的朋友想知道如何帮助你，你应告诉他们，你和他们在一起的时候，如果害怕，你想自由地说出你的困难，而不需要隐藏，而他们也不需要做任何事情，但如果你在那个时候要求帮助或理解，他们必须做出回应。你希望他们明白这不是身体出现了急症，而且他们不需要一直关注你，确保你安然无恙。你告诉他们这些是为了让自己不必把这个秘密放在心里，和他们一起时可以做自己。分享这个秘密还可以让他们理解你害怕的时候你的行为或你希望得到的回应是什么样子的。

一旦你打破了僵局，你就可以自由地开始以不同的方式处理恐慌的威胁。比如，你和朋友在餐馆吃饭，一旦你不再需要保密，你可以让他们知道，你惊恐发作的时候，你可能需要去厕所、在停车场散步，甚至在必要时结束用餐，你告诉他们你希望得到他们怎样的回应。如果像上述那样处理，你就不会感到那么困苦，你将有更多的选择，所以你惊慌失措的可能性就变小了。

09

腹式呼吸

· · ·

"我喘不过气来了！"

呼吸的问题是所有惊恐症状中最常见的。由于你的呼吸短而浅，你担心无法呼吸，所以你努力地吸气——你越努力，感觉就越糟糕。但当你的医生（或急诊医生）为你检查时，他们告诉你什么问题都没有。

你其实是有一些问题的，但并不危险。问题是惊恐发作的人往往以一种方式呼吸，从而产生许多惊恐发作的身体症状。你可能以前听说过这样的事情，但也许从来没有人告诉你如何矫正，下面我将告诉你正确的呼吸方法。

惊恐发作患者往往会对呼吸的主题产生怀疑，可能是因为仅仅想到呼吸就会令他们紧张，可能是由于他们只是不明白呼吸怎么会如此重要，而且他们认为所有的呼吸一定是差不多一样的，或者他们已经知道横膈膜式（腹式）呼吸，但认为这种呼吸法对他们没有帮助。有些人认为将他们的困扰归因于呼吸的想法是一种侮辱，这将掩盖他们的问题。

重新训练你的呼吸会带来好的结果。你在惊恐发作期间或之前感到呼吸短促，并不意味着你没有获得足够的氧气。当人们说"我喘不过气"时，他们正在获得空气，因为我们通过空气振动来说话。你得到了自己需要的所有空气，但你呼吸过度，而这引起了身体感觉不适，可能会引发惊恐发作。过度呼吸，或过度换气，是指超出你的身体需要的快速呼吸，通常是用你的胸部而不是你的横膈膜或下腹部发力，用嘴而不是鼻子吸气。屏住呼吸时也会发生这种情况——在紧张时说话速度快的人经常屏住呼吸，并定期不停顿地大口呼吸。

短而浅的胸口呼吸在惊恐发作的人群中很常见，几乎所有诱使你以为自己即将晕倒或心脏病发作的症状都是源于有点呼吸过度。

- 胸部疼痛——当你用胸部肌肉呼吸时，它们会变得如此紧张，以至于疼痛。疼痛的是你的胸部肌肉，而不是你的心脏。
- 感觉头重脚轻或头晕目眩——诱使人们担心自己即将晕倒。
- 四肢麻木或刺痛——另一种暂时的且无害的过度呼吸的副产品，伪装成某种身体风险的迹象。
- 心率加快——增加的幅度通常是相当小的，远远达不到医生推荐的心血管运动的心率。

在这种情形下，你头晕目眩、感觉无法呼吸、感觉心率加快、胸部疼痛、左臂麻木，难怪你认为自己即将晕倒或死亡。

这是个骗局，而且是个非常好的骗局。所有症状似乎是非常糟糕的迹象，但它们都是由快速、费力、浅薄的呼吸带来的不舒服的迹象，而不是危险的征兆。用腹式呼吸法，你将能够控制这些症状，这样你就可以专注于自己的观察者角色，这将是康复中的一个重要步骤。

你可能已经听说，你需要做的是"深呼吸"。像大多数人一样，这个建议是正确的但又是不完整的，对你没有任何帮助，因为它没有告诉你如何进行深呼吸，而且它遗漏了一个非常重要的细节。

你现在的呼吸方式

想象一下，你到我的办公室来咨询有关惊恐发作的问题。我们正在讨论你在惊恐发作时如何感到呼吸短促。

我问你，你做了什么努力来恢复呼吸。

你说你做了一次深呼吸。

我请你做给我看。

这个简单的要求提供了一个学习呼吸和恐慌的宝贵机会，所以当你感到气短时，模仿你平时做的深呼吸。

现在就试试吧！走到镜子前，观察自己。连续做三次深呼吸，就像我们见面时你会做的那样。仔细观察你是如何做的，然后回答以下问题：

你做深呼吸前做的第一件事是什么？

像大多数人一样，你吸气是用什么肌肉，在你身体的什么部位进行呼吸的？

如果你像大多数人一样，用你的上半身呼吸，你有可能用了你的胸部，就像你在向天花板抬起你的肩部，你的呼吸动作可能是一上一下的。

用胸部呼吸感觉如何？舒服吗？

像大多数人一样，你的答案是否定的。

在我教你如何做腹式呼吸之前，我想聊聊关于惊恐障碍和恐惧症的令人惊讶的真相——几乎所有关于恐慌的事情都是反直觉的。

那意味着一个人在惊恐发作时凭直觉采取的任何行为几乎总是大错特错。

我们将在下一章节中讨论其中的原因，现在让我们继续呼吸。

与你刚才的深呼吸相反的呼吸是什么？

尽你所能回答上面的问题。这个问题很奇怪，大多数人都感到困惑。如果你是其中之一，接下来的问题可能对你会有帮助。

想象一下，我们拍摄了一些你深呼吸的视频，然后将视频向后拖。当视频向后运行时，我们会看到你做什么？

_____

_____

我们会看到你呼气。大多数人以吸气开始，与之相反的是呼气。呼气是呼吸的放松部分，当你一直从胸部呼吸，而这些肌肉很紧，你需要一次很好的呼气放松，然后才能转换为腹式呼吸。所以在进行深呼吸之前，你必须先呼气。

大多数人在试图"恢复呼吸"时做的第一件事是吸气，这会使情况更糟。当一直以短而浅的方式呼吸的人试图深吸一口气时，他们并没有做到深呼吸。他们用胸部做到的是另一种费力的且浅薄的呼吸。虽然这给到了他们空气，但感觉并不好。你越是努力尝试浅吸气，就越感到不舒服。

练习：腹式呼吸

现在我们来练习腹式呼吸。每个人在出生时就会腹式呼吸，你去看看产房里的新生儿，你会看到一些"世界级"的腹式呼吸者。他们的小肚子在吸气时小腹隆起，呼气时小腹内收。他们的胸部不做工，小腹做工，没有人告诉他们呼吸时小腹要憋气。

当你还是个孩子的时候，你曾经是腹式呼吸。但某些时候，可能是在青少年时期，你转而采用胸式呼吸。也许你开始注意自己的身体，觉得如果你收腹，你会看起来更有吸引力，也许你的妈妈纠正了你的姿势并告诉你"收腹，挺胸"。不管是什么原因，一旦你开始收腹，你就开始用自己的上半身呼吸，因为没有其他东西可以使用了。

现在是恢复腹式呼吸的好时机。下面是具体的方法：

1. 将一只手放在腰际线上，另一只手放在胸部，正好在胸骨上。用你的手作为一个简单的生物反馈装置。它们会告诉你，你在用身体的哪一部分，以及哪块肌肉来呼吸。

2. 张开嘴，叹息一声，好像有人刚刚做了一件非常令人讨厌的事情。当你这样做时，让你的肩膀和上身的肌肉随着呼气放松。叹气的重点不是完全清空肺里的浊气，只是放松你上身的肌肉。

3. 停顿几秒钟。

4. 闭上嘴巴。通过鼻子慢慢吸气，像新生儿那样让小腹隆起。吸气之前将小腹隆起，只需一秒钟就可以完成，因为这个动作会把空气拉进来。你舒适地吸入尽可能多的空气后（没有让你的上半身参与进来）就停下来，吸气已经完成了。

5. 短暂停顿几秒钟。时间你自己决定，每个人肺活量的大小不同，数数的速度也不同，暂停的时间以自己感觉舒适为宜。

6. 请注意，当你用腹式呼吸法时，你的呼吸量比你习惯的大。由于这个原因，呼吸要比你习惯的慢，可能有必要比一开始看起来合理的速度更慢地呼吸。如果你以与小而浅的呼吸相同的速度进行这些较大的呼吸，你将会呼吸过量。这没有什么危害，但你可能会感到有点头晕、打哈欠。我提到这一点是为了当这种情况发生的时候，你准备好了应对。头昏眼花和打哈欠只是放慢速度的信号，那么就放慢呼吸。

7. 张开嘴巴。呼气小腹内收。

8. 暂停。

9. 闭上嘴巴，回到吸气状态。

10. 继续深呼吸几分钟，直到你感到满意为止。

你的手是你的引导，它们会告诉你，你做得是否正确，呼吸的时候哪里的肌肉在运动。如果呼吸时你希望肌肉运动发生在你的腹部，那么你的上半身应该相对静止。如果你感觉到胸部在运动或注意到你的头和肩膀向上移动，请从步骤1开始，练习将肌肉运动降至腹部。

当你用正确的方法呼吸时，你会很快感到更加舒适。

现在花几分钟时间练习一下腹式呼吸。练一练，但不要要求做到完美。

如果你像大多数惊恐发作的患者一样，腹式呼吸可能与你一直以来的呼吸方式相反。非常好，希望你很快就会做很多的腹式呼吸。腹式呼吸一开始可能让人感觉很尴尬，因为在你的整个一生中，呼吸是重复最多的习惯。不过，没关系。如果持续地且耐心地大量重复新的习惯，旧的习惯就被取代了。下面是一些解决问题的技巧，可以帮助你克服常见的困难：

- 如果你将呼吸从胸部转向腹部比较困难，那么可以先练习隔离你的胃部肌肉，不要呼吸，练习将你的腹部慢慢隆起，然后再内收。当你熟练掌握后，将腹部练习与你的呼吸结合起来。

- 用不同的姿势练习。当你坐下来时，你可能会发现，靠在椅子上或将前臂放在大腿上向前倾，都比坐得笔直要容易一些。

- 练习仰卧。你可以把适度的重物，如一本大书，放在你的胸前，这样你更容易专注于使用自己的腹部肌肉。

- 练习俯卧（脸朝下）。可在肚子下面垫一个枕头。

- 在全身镜前练习，那样可以看见自己在做什么。

- 如果你因为过敏或其他原因无法用鼻子舒适地呼吸，那么你可以用嘴吸气，但你吸气必须更加缓慢，以避免大口地喘气。

- 如果你经常嚼口香糖，那么就少嚼。嚼口香糖使你用嘴而不是用鼻子吸气。

大量练习！

一旦你能舒适地深呼吸，在你清醒的每一天中养成每隔一小时练习一次的习惯。在每个时辰开始的时候，关注一下自己的呼吸情况。然后叹口气，轻轻地呼气，继续进行一分钟左右的腹式呼吸。

请不要中断练习。只要把呼吸融入你目前正在做的任何事情中。如果你在一张舒适的椅子上做所有的呼吸练习，一段时间之后，椅子将是你唯一可以舒适地进行呼吸的地方。如果你希望随时随地进行舒适的呼吸，那么你需要经常进行简短的练习，在任何活动、任何场所、任何体式中将呼吸转变为舒适的腹式呼吸。每天都要进行，持续一到两周，新的习惯就养成了。

还有另一个需要培养的习惯。每当你注意到自己正经历着任何形式的不适，无论是愤怒、恐惧、担忧、头痛还是背痛，叹口气，将自己的呼吸转为腹式呼吸，持续做几分钟，这样你就会养成习惯。每当你不舒服的时候就进行这样的操作，这是一个很好的习惯。

下面这个练习也是要坚持做的。在开始每小时的呼吸练习后的第二天，停下来回顾一下你做腹式呼吸的频率。如果你每天做 8~12 次，那就好了！继续保持一周或两周。如果你担心自己忘掉，那就找些东西来提醒自己。在数字设备上设置闹钟、在手指上系一根绳子、在每次发生频繁的常规事件（如短信或电话）时进行练习，当婴儿哭闹时、当狗叫时、当你听到汽车喇叭声时，都可以练习。

每小时都要练习腹式呼吸，这听起来要做很多，但反正你都要呼吸，几周的这种练习可以真正使你的呼吸方式发生持久的变化。

你必须一直用腹式呼吸法吗？不需要。只要集中精力，通过定期的且简短的练习来掌握腹式呼吸，然后在惊恐发作时使用腹式呼吸。你会发现，随着时间的推移，你使用腹式呼吸的次数越来越多。

如果你对腹式呼吸颇为敏感或担心这种不寻常的呼吸会给你带来不必要的关注，你可以看看其他人是怎么呼吸的。你会发现人们有各种各样的呼吸习惯，没有人在乎谁是怎样呼吸的。

有关呼吸的另一个观点

在心理健康专家中，有一派观点认为我们不应该教恐惧症患者呼吸技巧。我不赞成这个观点。但了解这个观点可以帮助你更好地利用腹式呼吸。

早在 20 世纪 80 年代，呼吸技术首次被推广应用于治疗惊恐发作时，人们认为那是一种专门控制惊恐发作的技术，来访者被告知使用深呼吸来中断甚至停止惊恐症状。

很多人就是那样去做的，但将深呼吸作为一种安全行为来防止惊恐发作强化了人们需要工具和保护措施来抵御恐慌的想法。

保护自己免受危险是一件好事，保护自己不受不适的影响却不是，因为它往往会加强和维持恐惧。

因此，如果你一直在使用深呼吸试图预防和阻止惊恐发作，那么我和另外一派专家的意见一致——不要那样做！

我建议你使用腹式呼吸，是为了帮助你在惊恐发作时保持临在状态。在惊恐发作时，使用你将在"15"章节找到的处理惊恐发作的步骤，但不要把它当作救命稻草！那不是救命稻草，因为你一开始就没有危险，只是被吓到了！用腹式呼吸来减少你的不适感，只是一点点，就足以让你更容易活在当下，成为一个观察者，并按照处理惊恐发作时的步骤来处理惊恐发作。

10
对立面法则

. . .

现在我们要在观察呼吸的基础上进行扩展，创建一个有用的法则。

> 当你遭遇惊恐发作时，你对自己的直觉要有清醒的意识，
> 然后做相反的事情。

上面那句话不是印刷错误。

我并不建议将这一法则用于重大的生活决定。我建议将这条法则用于小的且本能的微观行为。你可以在惊恐发作的高峰期抓住时机实行这条法则。

恐慌使你内心充满了强烈的感觉，诱骗你以为自己处于危险之中，所以你非常努力地保护自己。恐惧症不是由于疾病、体内化学物质失衡或一些可怕的病症引起的。恐惧症是长期的且过度的自我保护造成的，是你的直觉想保护自己免于恐惧的结果。

当你惊慌失措时，这种本能会系统地给你错误的建议，告诉你要战斗、要逃离、要抵抗、要挣扎。如果问题是"危险"，直觉会有所帮助。但当问题是"不舒服"的时候，直觉会让情况变得更糟。

人们面对危险时，要么战斗，要么逃跑。当身体体验到不适的时候，最好让自己冷静下来，给它时间，看着它过去。恐慌会欺骗你，催促你去战斗、去逃跑，这时你就需要"对立面法则"。

想象某人在飞机上遭遇惊恐发作，她/他会有什么样的直觉？

攥紧座椅扶手。攥紧扶手会让肌肉紧张，增加了肌肉的紧迫感。攥紧扶手

的反面是放松你的手臂和手，让它们休息。让安全带把你固定在座椅上。

闭上眼睛，假装你在家。 这会阻止你看到真实发生的事情，让你更多地关注自己想象中正在发生的事情，但你的想象几乎总是比现实更可怕！闭上眼睛的反面是环顾四周并观察，当你那样做时，你会看到当自己有恐惧反应时，其他乘客正在看书、睡觉、做填字游戏。

观察机组成员的脸上是否有恐惧的迹象。 这会让你时刻处于持续的警戒状态，观察是否有麻烦的迹象，让自己的焦虑水平持续高涨，直到飞行结束。反之，则是定期观察飞机上发生的事情，同时做自己的事。

试图隐藏你的恐惧。 你认为自己有一个难以启齿的秘密，这使你倍感孤独。与此相反的是，与坐在你身边的人讲话，并提到你害怕飞行。更好的办法是，当空姐在门口迎宾时，向他们提及此事。

想象某人在高速公路上开车时遭遇惊恐发作，她/他会有什么样的直觉？

死死地握住方向盘。 哎哟！那样并不能让你更好地控制汽车，只会让你觉得自己在勉强坚持。相反的做法是让每一个手指都得到放松，然后轻轻地握住方向盘。

保持头部僵硬，眼睛锁定前方。 那样颈部和肩部都非常紧张，根本不能提高你的驾驶技术。相反的做法是双肩下沉，轻轻地将头向两侧移动，将自己的视野延展到道路两边。

想象一下，指南针出现故障，你迷失在森林里。你向北走，指南针却指向南方。但不要把它扔掉！你仍然可以使用该指南针找到回家的路，你只需要记住去往与指南针所指相反的方向。

因此，即使你的直觉给了错误的建议，你仍然可以将其用作惊恐发作期间有价值的指导，你只需要反其道而行之，做与直觉要求相反的事情即可。

恐慌的伎俩是邪恶的，它诱使你做出反应，而这种反应恰恰会使恐慌更强烈、更持久。我们在上一章节中看到了恐慌是如何干扰你的呼吸的，它几乎彻底骗过了你！即使你被骗了，你还认为自己以某种方式拯救了自己，这就是人们会说"我知道我让情况变得更糟"或"我是我自己最大的敌人"之类的话。

对立面法则为你提供了一种揭开骗局的方法。

恐慌的对立面

花几分钟时间思考一下，遵循"对立面法则"会如何改变你对惊恐发作的典型反应。大多数人在惊恐发作时，几乎会自然而然地做一些事情。他们屏住呼吸，绷紧腿部、背部和下巴的肌肉，耸起肩膀，试图隐藏他们的恐惧，疯狂地寻找逃离的出口。

你通常是怎么做的？考虑一下你在特定情况下惊恐发作的一般体验，列出你的自动化反应清单，写下每种自动化反应对你的影响。

反应	影响

上述每种反应的对立面是什么？每种对立面的反应可能会如何改变你在那种情况下的感受？

反应	影响

金门大桥上的恐惧

下面是我自己生活中的一个例子，说明了"对立面法则"在生活中的应用。我在某些情况下有恐高症——在非常高的且开放的地方，如陡峭的悬崖、桥梁和屋顶，我通常只有当自己在户外时才会害怕，如果我在开车或看着窗外，通常不会感到困扰。在我成年后的大部分时间里，我都生活在芝加哥，我很少有去那些比较高的且开阔的地方体验。在我年轻的时候，我有多次机会去旧金山游玩，为了克服恐高，我每次过金门大桥，都会下车步行过桥。尽管该桥可以供行人行走，但我走在上面的时候还是非常害怕。我第一次走在桥上时，注意到自己走得很慢，身体的每一块肌肉都绷得很紧，我非常害怕失去平衡，以至于几乎试图在脚不抬离桥面的情况下行走。

我想起了"对立面规则"，在那个当下，我真希望自己没记住，因为我马上就意识到了"对立面规则"要告诉我什么，我很想无视它，继续以同样紧张的方式行走，但我觉得我必须试一试。

我静静地站了一会儿，然后——当然是在远离栏杆的地方——跳起来，又落下去，重复了好几次。我并不是想从桥上跳下去，我只是想做一个与贴在桥面上相反的动作。

你猜怎么着？我立刻感觉好多了。这个小小的跳跃至少在两个方面给我带来了益处。跳的时候很难保持身体的紧张，所以我的身体放松了，而且我开始走得更快了。另外，跳是一件傻事，它让我笑，这是一种很好的焦虑缓解剂。站在那里跳——与我的直觉正好相反——真的能消除紧张，让我感觉更好。

当你进行披露练习时，"对立面法则"将对你有很大帮助。就现在而言，你只需记住它，并计划在你下次经历恐慌时问自己这些问题：

- 是危险还是不适？
- 如果是危险，就保护自己。
- 如果是不适，请回答下面的问题。
- 我现在的直觉是什么？
- 与此相反的是什么？

违背直觉

"对立面法则"的背后是什么？是什么让它成为如此有用的工具？另一种理解这一规则的方式是，惊恐障碍和恐惧症是违背直觉的。

我们在生活中遇到的大多数问题都不仅直觉，所以我们的直觉是解决问题的良方。但违背直觉的问题就不是那样了，这里有一些经典的例子：

你驾车在冰冷的道路上向一根电线杆滑行，应该往哪里打方向呢？你的直觉可能是远离那根电线杆，但如果你那样做，你很快就会撞上电线杆。与此相反的做法是什么？朝着电线杆打方向，你的车就会从电线杆旁边滑走。

你在海滩上向深水区涉水，一个大浪袭来，你应该去哪里？你的直觉是冲回岸边，但如果你那样做，就会吞下满满一口的沙子和海水。与此相反的做法是什么？潜入海浪的底部，让海浪从你身上跃过。

你新领养的小狗挣脱绳索跑了。你应该怎么做？你的直觉是要追赶小狗，可是如果你那样做，小狗会非常喜欢你追着它跑。与此相反的做法是什么呢？从小狗身边跑开，小狗就会追着你跑。

人们与惊恐发作做斗争并不是因为他们软弱、愚蠢，他们挣扎是因为他们不断尝试直觉性的解决方案，而恐慌是一个违背直觉的问题。反直觉的问题需要一个反直觉的解决方案，"对立面法则"将帮助你找到好的反直觉的解决方案。

11
正念冥想
· · ·

正念冥想是一种练习，是将自己的注意力集中在当下的感觉、感受和思考上，不做任何评判、不贴任何标签。冥想通常被称作一种练习，这是因为永远没法做到完美！你可能永远也不会认为自己非常擅长冥想，没有关系，因为是练习，所以即使是一般的冥想练习也是对生活的良好补充。

正念冥想对与恐慌和恐惧症做斗争的人来说，可能真的是一个很难的选择。他们可能认为那是他们最不想做的事情，他们想远离自己那些不愉快的内在体验。如果你不想做冥想，就跳过这一章节。如果你想进行正念冥想练习，可以随时阅读。但是，过去你是如何做到试图远离引起焦虑的经历的？那些回避对你的生活质量有什么影响？

我们对不愉快的内在体验的混乱反应常常导致我们否认和回避不愉快的症状，而这些努力通常会导致自己更加焦躁不安。正念冥想是一种训练自己的头脑对这些体验更冷静地做出反应的方法。

也许折中的方案是先把这一章节看看，不做任何判断，看完之后再决定是否想尝试冥想。

正念冥想的最大益处是当遇到焦虑的想法、情绪和感觉时，这种练习可以帮助自己安住在当下。有恐慌经历的人实际上从未活在当下，他们要么在焦虑未来，要么在反刍不愉快的过去。你越是活在当下，就越有更多的灵活性来处理焦虑症状，使其逐渐消退，而不是火上浇油。冥想会帮助你把这些症状，甚至是焦虑的想法，当作是当下的不适感觉，而不是对未来的重要警告。冥想可以帮助你对焦虑的且有侵入性的想法形成"无所谓"的态度。

正念冥想出乎意料地简单——简单，但不容易。简单意味着我们不费吹灰之力就能完成。简单的意思是容易理解且不复杂，但未必一定容易做到。你可以看一下地图，找出一条连接芝加哥和纽约的路线。找出从一个城市到另一个城市的路线很简单，但从一个城市走到另一个城市则很难。

冥想是如何运作的？

正念冥想需要每天留出一段固定的时间，初学者可以从 5 分钟开始。我设置了一个计时器，这样我就不需要记录时间了。通常情况下，我们坐着。坐的方式有多种选择，但一开始还是简单一点，我们可以选择一张直背的椅子。

接下来，找到一个关注点。最常见的是观察自己的呼吸。我想起了为什么冥想在惊恐发作患者中常常不受欢迎，他们常常害怕自己的呼吸。希望"09"章节中的呼吸练习有助于缓解这些担忧，但你不一定要把注意力放在呼吸上。你可以把注意力集中在像风扇或白噪声设备发出的连绵不绝的声音上。你可以关注墙上的一个点，或者可以选择一个让自己有舒适联想的简短的且单音节的单词，比如顺利、平静、现在或和平，你可以把这个词写在一张小卡片上，把它作为你的关注点，或者你可以慢慢地、默默地对自己重复这个单词。

然后你坐下，把注意力放在墙上的点或呼吸或词语上。当你那样做时，你的注意力会被你内心的所有想法、身体感觉、情绪以及你对周围的声音、景象和气味的感知所打断。观察这些干扰，然后轻轻地把注意力拉回到你关注的事物上，持续这样去做。当定时器响起时，花点时间环顾房间，然后轻轻地把你的注意力放回到你当下的世界。很简单，对吗？

简单，但不容易做到！这就是进入冥想状态困难的地方。不习惯于冥想的人认为他们应该进入一种内在平和、安静的状态，没有大脑思绪和外在事物干扰我们内在的平静。他们经常感到沮丧，因为他们注意到大脑里有许多纷繁杂乱的想法、批评性的判断和其他外在干扰，他们没有办法获得内在的安静。

对我们大多数人来说，内心的平静并不是冥想的真正目的。寺院里的和尚将大量的时间投入到日常的冥想中，可能会得到相当长时期的内心平静和安静。我们中的大多数人会发现，当我们安静下来的时候，干扰性的想法、分散注意力的感觉和情绪以及对我们和对我们所做事情的批评，会充斥我们的头脑。冥想是在我们坐下来追求内心的安静时，被动地观察所有阻碍自己的东西的过程，就像在人群中偷听传言的声音，而不被其内容所吸引并陷入其中。

冥想是指你在固定的时间内有意坐着观察，找到一个关注点，让自己注意到妨碍你进行简单观察的所有想法和感觉以及其他内部和外部的干扰。

冥想是被动地观察所有妨碍你内心平静的内部体验的过程。以温和、不带评判、慈悲的方式观察你的注意力何时狭隘地集中在一个物件或另一个物件上、何时冲动地去催促、批评和判断自己的经验是好是坏。

当你开始集中注意力时，你的思想会游移不定，注意到这一点，把自己的注意力拉回来——这就是冥想。简单，但不容易做到。当你的注意力被打断时，要对自己温柔一点，并不断把它拉回来。

这是练习，不是测试，你只需要当个旁观者观察正在发生的事情。

为什么要做冥想？

我们的头脑通常是嘈杂的。我们在日复一日的生活中，有很多想法念头闪现。我们要同时做很多事情、要提前考虑未知的未来、担心各种"如果……怎么办"之类不太可能发生的事情——大脑里的念头实在太多，根本没有办法理清楚。

这并不是说念头不会影响我们：思想在后台悄悄地运作，在我们没有觉察的时候影响着我们；我们误以为令自己焦虑不安的是来自周遭的威胁，而实际上真正影响我们情绪的是脑海中匆匆闪过的念头。

冥想有助于我们成为一个更加冷静的思想观察者，我们能够更好地认识到思想的本质——想法、愿望、希望、恐惧等。这是由我们的大脑产生的，思想并不总是对世界的准确描述与重要预测，思想常常是不真实的，是不重要的，思想更像是老式收音机的待机状态，而不是重要的通知公告。

如果你戴着一副非常适合你的橙色眼镜，那么你就只能透过镜片看世界而不能看到镜片以外的世界。如果你带着这幅眼镜一个月不摘下来，你很快就会忘记这个世界看起来并不是橙色的，你会看到眼镜所描绘的世界，认为你看到的就是世界的本来面目。

我们的思想也有类似的问题，我们生活在思想中，就像鱼生活在水中一样。我们认为这些思想是世界的直接且真实的写照，其实不然。思想不是我们对世界的直接、准确的观察，就像我们通过彩色镜片看到的橙色世界一样。我们的思想无时无刻不在为世界"着色"，我们通过自己的想法来观察世界，通过自己的想法来看待世界，却不记得这些想法扭曲了真实的画面。

通过冥想，我们开始意识到橙色是镜片上的色调，而不是世界本身的颜色。

如何做冥想？

1. 选择一个你可以独自一人并且不被打扰的时间，最多 10 分钟。

2. 选择一个关注点。这个关注点可以是自己的呼吸、风扇或类似设备的重复声音、一个单词、墙壁或地板上的一个可见点。如果你想使用印刷的文字，可以把单词印在卡片上，然后把卡片贴在墙上的一个位置，你可以从自己坐的地方舒适地观察。关注点放在单词字母的物理外观上，不需要思考单词的意义，或者慢慢地、默默地重复这个单词，让自己集中注意力。

3. 设置一个5分钟或6分钟的定时器。

4. 静静地坐在一张直背椅子上，双脚平放在地板上。身体坐直，双手手心向下放在大腿上。

5. 把你的注意力短暂地转向自己的身体感觉和意念上，不对它们或自己进行评判。要知道，你坐着的时候评判不断在头脑中涌现是正常的，所以当这些评判出现时，你要尽可能温和地观察它们。

6. 将注意力转向你关注的事物上：可以是自己的呼吸、风扇或类似设备的重复声音、一个单词、墙壁或地板上的一个可见点。

7. 如果你选择了呼吸，那么就将你的注意力放在呼气和吸气上。注意空气流经你的鼻子和喉咙时的感觉、注意呼吸时腹部隆起和内收的感觉。

8. 如果你选择了外部声音，那么就把你的注意力落在那个声音上，无论是稳定的、不变的声音，还是可变的声音，你都可以让自己的注意力追随它。

9. 如果你选择了一个可见点或一个单词，那么就让你的注意力温和地集中在观察该点或该单词的体验上。

10. 不管你选择了什么关注点，当你注意到有干扰或评判性想法出现时，轻轻地将自己的注意力拉回到你关注的点上。

11. 继续让你的注意力集中在自己的内部体验上。你可能会经历短暂的平静和安静的时刻，注意这些时刻，让自己的注意力随着它们流动。

12. 这些短暂的平静和安静的时刻会被自动化的思维打断。留意这些想法，就像你注意到天空中飘过的云一样，让你的注意力回到自己关注的点上。每当你注意到自动化的思维出现时，就这样去做。

13. 中断的想法可能会牵引你的注意力，就像婴儿吵着要从摇篮里被抱起来一样。留意自动化思想中的各种形式的评判和情绪，并将注意力拉回到自己关注的点上。

14. 注意这些想法，就像你注意到雨滴落在车子的挡风玻璃上一样，会短暂的吸引你的注意力，直到它们被雨刮器扫走，被更多的雨滴取代。你不需要深陷于每一滴雨中就能意识到有大量的雨，你也不需要深陷于每一个想法中就能注意到它们来来去去包含了大量的担心、判断、批评等。这些念头来了又走，走了又来。

15. 当你注意到你在对自己的思想和其他干扰信息做评判时，将你的注意力拉回到自己关注的点上，记住那只是你自己的模式。

定时器响了，冥想结束。

随着你对冥想越来越熟悉，你可以随时随地进行冥想，没有必要非把自己局限在一个安静的地方。你可以在飞机上、在队列中、在其他任何地方进行冥想。建议找一个安静且舒适的地方，这只是为了更快地进入冥想状态，我曾在特别嘈杂和不舒服的核磁共振仪中进行冥想。

下面是冥想时需要注意的几点：

- 对冥想保持好奇，以初学者的态度去对待冥想。
- 接纳认可任何无法改变的事情。
- 做冥想是为了自己的身心健康，不是为了任何即时的回报，也不是为了抵御惊恐发作，所以建议每天做一点冥想练习，就像我们每天服用维生素、每天需要锻炼那样。
- 不要努力去进行冥想。你越努力就越不想去做。只要按照上面的步骤开始冥想且同时进行观察即可。
- 当你在冥想过程中评估自己做得好或者不好时，要把注意力拉到自己关注的点上。评估是测试手段，而冥想只是练习。
- 注意贴标签、评判、批评和反应的冲动，是人性的一部分。
- 用你希望从别人那里得到的仁慈和同情心对待自己。

12
控制

· · ·

有惊恐发作和恐惧症的人非常担心控制的问题。他们经常担心自己会失去控制，会毁掉自己的生活，以怪异或危险的方式行事；有些人生活在持续的紧张中，预感自己随时可能失去控制。

是什么让他们有那样的想法呢？通常不是因为他们过去有任何的失控。相反，他们经常有"如果……怎么办"的想法，认为自己会失去控制，然后对这些想法做出令人不安的反应，其中包括侵入性的想法，比如：

如果我开车掉到桥下怎么办？

如果我在教堂里大声咒骂怎么办？

如果我打了收银员一耳光，像个疯子一样冲出杂货店怎么办？

人们发现"如果……怎么办"的想法令人不安，因为他们不想那样的事情发生，也不想希望自己有那样的想法。他们常常认为有"如果……怎么办"的想法一定意味着自己失去了控制。因此，他们努力想停止那种想法。

当他们阻止"如果……怎么办"的想法的努力宣告无效之后，他们更加害怕。他们认为自己应该能够控制自己的想法和情绪，因为他们只体验自己想体验的想法和情绪。

事实上，任何人都没有办法控制自己的思想。你不可能只拥有你想要的思想或情绪，虽然你可以影响自己的思维方式，但你不可能对自己的思维方式有绝对的控制。事实上，你越是努力阻止特定的想法和情绪，那些想法和情绪就越有可能涌现出来。如果我们和出现的想法与情绪共处，而不是试图安排自己想要的想法和情绪，我们会获得更好的自我关系。

如何衡量控制？我们用什么标准来断定一个人是否处于自我掌控之中？把你的答案写在下面。

_____

_____

衡量控制力的标准是人们实际做了什么，而不是他们的所感所想。只要你的行为符合对你特定角色的期待，你就被认为是在控制自己。

这里所说的角色是指你在任何环境或活动中所扮演的角色。如果作为一个网球运动员，你用拳头击打你的对手，你就失去了控制；如果作为一个拳击手，你用拳头击打你的对手，你就没有失去控制；如果作为商业飞机上的乘客，你敲开机舱的门，坚持要和飞行员谈谈关于飞行的适当速度和高度，你就失去了控制；如果你以副驾驶的身份去和飞行员谈谈关于飞行的适当速度和高度，你就没有失去控制。

恐惧症患者之所以担心，是因为他们认为自己有可能做出反社会的、怪异的、危险的行为。比如，"如果我像个疯子一样冲出商场时大喊大叫，撞倒别人怎么办？"或者"如果我在飞机上尝试踢出机舱舷窗外怎么办？"

你的想法可以预测自己的行为吗？并非如此。你在未来可能会做什么是由你过去做了什么决定的。

你是否害怕在惊恐发作时失去控制？如果是，请描述你担心自己会做什么，以及你担心的结果会是什么？

_____

_____

仔细地回顾一下自己的过去。你曾经为应对恐惧而做过的最糟糕、最失控的事情是什么？

如果你确实有以某种反社会或不可接受的方式"出手"的历史，你需要在擅长处理此类问题的心理治疗师的帮助下解决这个问题。但如果你有的只是恐惧，而不是实际的不当行为，那么把那些对失去控制的恐惧当作另一种"如果……怎么办"的想法是合理的，那只意味着"我害怕"。

控制和恐惧症

对控制的关注影响了所有的恐惧症。我们来看看控制是如何影响两种特殊的恐惧症：飞行恐惧症和公开演讲恐惧症。这两种恐惧症似乎没有什么共同之处，但它们都反映了同样的基本问题——你不接受自己所扮演的角色，因此产生了控制问题。

这些活动中的每一项都赋予了你特定的角色。完全接受自己的角色会增加其对活动和环境的舒适度，抵制自己的角色则会降低他们的舒适程度。

飞行恐惧症

如果你乘坐商业航空公司的飞机，你的角色是乘客。因此，你无法控制飞机，你对飞机的运行也可能知之甚少。专业的机组人员负责处理飞机以及所有相关事务，他们与地面上的其他专业人员一起协作，控制飞机，包括何时可以登机、何时关舱门、何时飞机起飞、乘客什么时候可以在机舱内走动、什么时候可以使用卫生间、哪些洗手间可以排队哪些不可以、什么时候可以吃点心与喝饮料、什么时候可以从驾驶舱或空姐那里得到什么信息，以及你何时抵达目的地。

作为一名乘客，在飞机上你就是一件"会呼吸的行李"。你无法控制飞行的任何方面，也无法对它的运作方式有任何特别的影响——无论飞机是准时还是晚点、平稳还是摇晃、安静或嘈杂、安全或不安全。乘客只能在等待飞机到达目的地的过程中尽可能舒适地消磨时间。对乘客来说，喷气式客机就是天空中的等候室。

害怕飞行的人讨厌如下情形：他们不希望自己只是一个乘客。相反，他们希望自己对所发生的事情有一些控制，他们甚至可能试图表现得好像他们是机组人员一样。比如，很多恐惧飞行的人不希望他人在飞机起飞时与他们交谈，他们认为自己必须关注起飞，听发动机的声音，观察飞行的角度，他们不想让自己在监控飞行的工作中分心。

其他恐惧飞行的人会在飞行前一周或更长时间内关注天气频道，仿佛他们会被要求提供关于当天飞机飞行是否安全的意见。但作为一名乘客，你可以肯定联邦航空局不会让你参与这个决定，因为他们已经有气象专家了。

害怕飞行的人抵制乘客的角色，他们千方百计地努力感觉自己对情况有所控制，当控制权不在自己手中时，这种挣扎是产生和维持飞行恐惧症的一个重要因素。

公开演讲恐惧症

如果你同意在一个团体面前做演讲，无论多么不情愿，你都同意承担演讲者的角色。这个角色的目的是向听众提供相关的材料，引导他们关注你要讲的内容。听众将大量的权力交给演讲者。演讲者控制材料的呈现——顺序、节奏、内容等——而听众则同意坐下来，安静地听。如果演讲者向听众提出问题，听众就会做出回应，无论是大声说出来还是埋在心里。演讲者可以就某个问题对听众进行投票，他们会举手。如果演讲时间较长，那么演讲者要决定何时让听众休息，何时让听众吃点心，何时邀请他们提出问题。简而言之，演讲者拥有控制权。

害怕公开演讲的人讨厌拥有控制权，他们像躲避瘟疫一样躲避行使控制权，他们常常选择做"不说话的人"，回避听众赋予他们的所有权力。他们可能会尽量使自己的演讲变得枯燥乏味，也许会用单调的声音来宣读，把眼睛从听众身上移开，把他们的注意力引向数量过多的幻灯片，匆匆忙忙地讲完，希望听众不会太注意，当然也希望听众不会问任何问题。

害怕公开演讲的人抵制演讲者的角色，避免使用观众和主持人赋予他们的权力。逃避被委托的控制权是产生和维持对公开演讲恐惧症的一个重要原因。

控制的镜像

我们将在后面的章节中研究这两种恐惧症的其他方面。现在，我们考虑这样一个事实，即这两种恐惧是相反的（没有控制权的想拥有控制权，有控制权的不想拥有控制权）。害怕飞行的人努力想拥有不属于自己的控制权，害怕公开场合说话的人回避已经赋予他们的控制权。克服这些恐惧需要识别和接受特定场景提供给自己的角色。

完全接受并在自己的角色范围内履行职责将减少自己的焦虑感，抵制和挣扎会增加焦虑感，其他恐惧症的情况亦是如此。比如，对控制的担心在害怕在高速公路上驾驶的人中很常见，他们特别害怕驶入主路，因为并线涉及给其他司机一个明确的信号，告诉他们自己的意图。当你接近并线点时，你的职责之一就是用你的速度和转向灯明确表示你是否打算并线：你的转弯信号、你打算在他们前面还是后面汇入主路。害怕在高速公路上开车的司机往往想避开这部分职责，等待其他司机为他们做出选择，逃避这一任务会造成更多的不确定性和更多的焦虑。

花几分钟时间思考一下你的特殊恐惧症。哪些自然角色、工作头衔会伴随

着恐惧症状的出现？

_____

　　在这个角色中，人们通常要接受什么，要控制什么？

　　　　接受　　　　　　　　　　　　　　　　　控制

_____　　　_____

_____　　　_____

　　你在哪些方面会因为试图控制你无法控制的事情，或者因为逃避属于你的控制权而产生额外的焦虑？

_____

_____

　　你如何以不同的方式处理角色的这些方面？

_____

_____

13

关于恐惧的想法

· · ·

    与惊恐发作做斗争的人很难处理他们对恐惧的预想——他们在与惊恐有关的事件发生前的几个小时、几天或几周都会有恐惧的想法。比如，他们预想在某一次旅行中或在某一次会议上，会有一次可怕的、永远改变他们生活的惊恐发作。这些想法常常导致他们避免参加他们希望参加的活动。他们在惊恐发作时内心有强烈的恐惧，似乎在警告他们，如果不马上逃离现场，即将发生灾难。很多时候，他们确实在这些可怕的想法面前逃离了，恐慌就是这样循环的。

考察预想的性质

    人们常常认为，预想是对问题的准确预言。比如，"如果我现在这么害怕，那么当我真正遇到问题时，情况会有多糟？"

    回忆过去发生的两三个具体事例，你对即将到来的活动有很多预想性的焦虑，但仍能参加活动。请回答以下每个问题：

你的预期担忧预示着恐慌会在活动中对你造成什么影响？

事件 1   **担心的结果 1**

_____

_____

事件 2　　　　　　　　　　　担心的结果 2

_____　　_____

_____　　_____

事件 3　　　　　　　　　　　担心的结果 3

_____　　_____

_____　　_____

恐慌在活动中给你带来最糟糕的结果是什么？

事件 1　　　　　　　　　　　最糟糕的结果 1

_____　　_____

_____　　_____

事件 2　　　　　　　　　　　最糟糕的结果 2

_____　　_____

_____　　_____

事件 3　　　　　　　　　　　最糟糕的结果 3

_____　　_____

_____　　_____

是什么引起了你的不安：是预想，还是在那种情境下恐慌对你造成的影响？

事件 1　❏ 预想　　❏ 情境

事件 2　❏ 预想　　❏ 情境

事件 3　❏ 预想　　❏ 情境

大多数人发现，预想产生的不适感比事件本身带来的不适感更强。如果他们在事件中遇到麻烦，这通常与他们试图阻止恐慌的方式有关（战或逃），而不是恐慌本身对他们造成的影响。

当你预想时，你把自己看作一个受害者、一个坏事的被动接受者。但是当实际出现在现场时，你有事情要做，你并不像自己预想的那样是命运的被动接受者。实时参与到事件中，通常会降低一个人的焦虑水平。

如果你过去的经历证明预想带来的不适感比事件本身带来的不适感更强，那么你就有了一个强有力的提醒来帮助自己应对恐惧。"我的预想是焦虑程度的高点，当我真正达到焦虑程度的峰值时，我的焦虑感会下降，至少下降一点，而不是上升。我可以期待自己的焦虑程度达到峰值之后的那种轻松。"

预期的想法是一种惊恐症状

我们用艾米的故事来解释预期想法是怎样变成惊恐症状的。

艾米在一次小组会议上努力解释她为什么如此害怕惊恐发作，尽管她知道惊恐发作不会死人，也不会使她发疯。当她的日程表上没有任何让她害怕的事件时，她的想法是合理的，并且她意识到自己的恐惧想法被严重夸大了。但是一旦她把需要在外面过夜的旅行列入日程时，那些可怕的死亡和精神错乱的想法又回来了。尽管她很努力，但她无法压制或反驳那些想法，最后她终于找到了一个非常合适的解释。她说："我的情绪只是超越了我的逻辑。"

完全正确。当你预感到惊恐发作或实际经历了一次惊恐发作，你的情绪就超越了你的逻辑。除了不愉快的情绪、恐惧的感觉和惊恐的行为，你还会有可怕的想法。这些可怕的想法可以被看作思想恐慌的症状。

我们人类非常看重自己的思想，我们用大脑中被称为"大脑皮层"的部分进行有意识的思考，思考使我们能够成为地球上的主导物种，使我们能够确立对那些拥有更强壮身体、更锋利的牙齿和爪子的物种的统治地位。人类太了不起了！

但思考并不是大脑所做的唯一事情。大脑最重要的工作并不是为了使我们聪明，而是为了保护我们的安全。大脑中专门用于保护我们安全的部分，即边缘系统包括杏仁核，其主要负责对危险做出"战或逃"反应。

杏仁核对准确性的关注程度远不如对生存的关注程度。没有一个决策系统是完美的。每个系统都有可能出现错误。杏仁核倾向于高估，而不是低估外部威胁。杏仁核宁愿在没有危险的时候让你害怕，而不是在有危险的时候让你不去害怕。杏仁核情愿对十只实际上并不存在的狮子做出反应，也不愿对一只实际存在的狮子不做出反应。当杏仁核做出反应时，会利用它对思想、情绪、身体感觉的影响使你产生恐惧，让你战斗或逃离。

情绪就是这样超越逻辑的。反复出现惊恐发作的人并不是因为他们愚蠢、消息不灵通、软弱，或者在寻找借口，而是因为他们的杏仁核有点过度热心、过度保护，他们的情绪超过了逻辑。

当这种情况发生时，你很容易陷入与自己的恐惧想法的斗争中，这种斗争会维持和加强恐慌，而不是缓解恐慌。

应对恐惧的预想

现在回到艾米的恐惧想法的经历，这在惊恐发作患者中是常见的问题。虽然她意识到在某些时候，她的恐惧的想法是有误导性的，但是她希望通过将这些想法从脑海中清除来解决问题，她的目标是防止那些类似"如果我在远离家乡的旅行中失去理智怎么办？"的想法再次进入她的脑海。

为了将恐惧的想法从头脑中清除，艾米采取了四种策略。

她试图与自己的想法争论，她把这些想法在她脑海中的存在看成是一场辩论。她一次又一次地提出各种论据，向自己证明她不会在出差的时候因为恐慌而失去理智。难道她在大量的商务旅行中失去过理智吗？难道她在某一次经历惊恐发作时失去了理智吗？难道她没有咨询过试图向她保证她没有失去理智的心理健康专家吗？她不是有焦虑症的药物可以保护她不失去理智吗？但每当艾米认为她要证明自己的观点并赢得辩论时，这个想法——"但是如果你下一次旅行真的失去理智怎么办？"——就会回来。所有的努力就全部白费了。

艾米试图停止思考，她会告诉自己："不要再想那些乱七八糟的事情了！"她会把橡皮筋戴在手腕上，然后（对自己）大喊："停止！"她通过耳塞、耳机大声地播放音乐。但是，那种想法仍然存在——"如果我外出旅行时失去理智怎么办？"

艾米试图分散注意力，她曾数十次开始读一些书，希望能融入故事中去，忘记她的"如果……怎么办？"的想法，但她从来没能坚持下去。

她会玩数独游戏（一种填数游戏），她也会玩许多其他文字游戏，但她从未忘记威胁性的想法。她会给朋友打电话，进行长时间的交谈；她会看电影、看电视节目；她会逗狗玩、会给花园松土；有时她会获得几分钟的喘息机会，但是那些思想总是会回来。

艾米试图寻求安慰。她会反复询问几个朋友和家人："你们不认为我这次旅行会失去理智，是吗？"她在教堂里点燃了蜡烛、查看了她将要去的地区是否有精神健康设施、在谷歌上搜索了关于精神疾病和恐慌的各种主题，希望以此向自己证明她是安全的，不会有精神错乱。结果她发现自己的希望被互联网上的误导性和含糊不清的报道打破了。

对艾米来说，所有这些都是徒劳的，而且可能对任何和她有相似经历的人来说都是如此。她越是努力试图摆脱焦虑的想法，这些焦虑的想法就变得更加可怕和持久。艾米认为她必须摆脱这些想法，以便安全地旅行。当她无法摆脱这些想法时，她要么取消旅行，要么在旅行中遭受巨大的痛苦。

那是对恐惧的恐惧。人们会害怕他们不想成为且认为他们不应该成为的样子。他们抵制恐惧，然后变得更害怕，而不是更不害怕。这时他们会发现自己越努力，情况就越糟糕。当他们与恐惧的想法做斗争时，他们感到更加恐惧，而且这种情况不断地呈螺旋式上升，直到似乎失去了控制。

当然没有失去控制，我们在"02"章节中探讨了这个问题：当时你回顾了由于惊恐发作而实际发生在你身上的情况——你感到害怕，然后你害怕自己害怕，你越来越害怕，直到不知道什么原因，你不害怕了。然后你又回到自己所做的事情中去——直到下一次惊恐发作。

想想那些来找我寻求帮助解决惊恐发作的人的动机吧！

他们想在生活中做一些事情——要去一些地方、要见一些人、要使用一些物品、要参与一些活动等。然而，他们却非常害怕做这些事情。而且，最重要的是他想让我帮助他们去做其害怕的事情！这是为什么呢？他们知道我无法阻止他们死亡、阻止他们发疯、阻止他们晕倒等。他们知道我无法保护他们免遭其所担心的灾难，但他们希望我帮助他们去做他们担心会带来灾难的事情。

他们为什么要这样做？因为他们认识到自己的情感超越了逻辑。

这可能也是读者阅读本书的原因。

如何向前迈进

当我们的情绪超越了逻辑时，我们能做什么？很难放弃那样的想法，即为了克服恐慌，我们必须以某种方式纠正自己的想法，我们必须让那些想法更符合逻辑、更合理。

因此，现在我要告诉你在这本书中你将要读到的最重要的观点。

你不必以任何方式来纠正或压制或转移注意力或摆脱自己恐慌的思想症状。

如果你能在没有大量争论和挣扎的情况下做到这一点，那么就有助于消除恐慌的思想症状。但很多时候，人们在预想、恐慌的巅峰时刻无法做到这一点。当你与自己的想法争论时，本质上是在与自己争论。在这个星球上，没有比一个人与自己争论更势均力敌的比赛了！因为这样会产生的是一种永久的且慢性的关系——你继续在思想症状中挣扎，没有明确的结果。

你必须纠正自己的想法，并将那些想法改编成更合理、更准确的独白，这种思维方式给很多人控制惊恐发作的努力带来了很多麻烦。

你不需要纠正自己的想法。改变你与自己的恐惧想法相关联的方式，而不是改变恐惧想法的内容，这样往往更容易、更有效，而且更符合我们的大脑实际运作的方式。

干净的焦虑与肮脏的焦虑

自20世纪80年代初以来，认知行为疗法（CBT）一直是治疗焦虑症的首选。多年来，CBT更多地强调认知重组，这是一个识别思维错误的过程，挑战恐惧的想法，用那些有更多证据支持的想法来取代恐惧的想法。

虽然认知重组仍然被广泛使用，但新的认知行为治疗模式已经出现，如接受和承诺疗法（ACT）和以正念为基础的减压法对如何最好地处理慢性焦虑思想采取了不同的方法。ACT鼓励帮助人们应对内部的所有焦虑症状——思想的、情绪的、身体的症状，观察、接受这些症状并与这些症状合作，而不是抗拒或寻求消除这些症状。该疗法认为焦虑一般有两种：干净的焦虑是最初的恐惧反应，即一个人在遇到狗咆哮时可能经历的最初的恐惧反应，或在一个狭小、封闭的空间，或在飞机上遇到湍流时，可能会有的最初的恐惧反应；肮脏的焦虑是来自与干净的焦虑做斗争的焦虑，来自太过努力地去抗拒焦虑并停止恐惧感。肮脏的焦虑是与我们内心碰巧出现的任何想法和情绪对抗的结果，而不是与我们内心碰巧出现的任何想法和情绪合作的结果。

ACT强调帮助你学习新的方法来应对不舒服的想法和情绪，而不是试图抗拒、控制不舒服的想法和情绪，为焦虑症患者提供了更多的选择。我认为ACT有很多值得推荐的地方，特别是它涉及患者与焦虑想法的合作。

我们要找到与恐惧的思想合作的方法，而不是抗拒恐惧的思想。我们不能控制自己的想法。由于各种原因，我们的思想经常表现得像唱对台戏的孩子，当我们告诉那些孩子不要想大象时，他们会看到成群的大象，这就是为什么我们告诉自己"不要再担心了！"，都通常会适得其反。

这里还有一个关键点：思想有一种强大的神秘感。我们倾向于将思考视为一种活动，将我们与动物界的其他成员区分开来。我们认为自己的思考能力是几十亿年进化的产物，是上帝和宇宙赐予的最佳和最高贵的礼物。

当然，我们每个人都倾向于认为自己的想法特别好。除非我们有特别的理由去思考自己的想法，否则我们倾向于自动假设自己的想法都是对世界和我们在其中的位置的真实且有用的描述。我们知道自己的朋友和亲戚的想法很有可能是错误的，但我们认为自己的想法是非常准确有效的。

这并不是骄傲的问题，但对于那些自卑的人和那些认为自己自尊心强的人来说，这都是真实的。虽然作者的自豪感是一个因素，但我们相信自己的想法是正确的，这更多地与我们自动的且无意识的思考方式有关。

认知重组

认知重组让你找到自己思想中的错误，并以更现实的东西取代这些思想。比如，某些来访者总是有这样的想法："如果我必须参加面试，我会被吓坏的，我永远也找不到工作。"他们会被邀请去审视自己过去的工作面试经验，他们改变的能力，也许还有其他的因素，这些因素似乎表明他们有能力应对面试，而且他们永远找不到工作有点夸大其词。也许他们会把这种想法改为"工作面试对我来说是很有压力的经历，但我可以找到方法来缓解这些压力。"

到目前为止，一切都很好。如果你能认识到自己思想中的认知错误，那再好不过了，但我见过很多焦虑的来访者在使用认知重组时遇到很多麻烦。有些人发现，他们越是努力改变自己的想法，旧的、不需要的、夸张的想法就越是持续存在。当他们努力改变自己焦虑想法中的恐惧内容时，恐惧的内容却顽固地重新出现，它们坚守自己的阵地，并不退缩。

如果你使用认知重组，发现这种方法是有益的，是不需要改变的，那就继续使用该方法。然而，如果你发现认知重组与你的想法有争论，而且非理性的想法甚至在反复重组后又重新困扰你，那么不要认为那是你的错。我见过许多来访者，他们认为没有从认知重组中受益是他们的错，但更有可能是他们的焦虑思想抵制被重组，因为这就是思想经常做的事情——思想常常抵制取代或废除它们的努力，这可能就是你在尝试不去想一只白熊时发现的。

一些较新形式的认知行为疗法，特别是 ACT、正念疗法、DBT 在处理无益的焦虑想法方面采取了不同的途径，通常被称为认知解绑。

认知解绑

认知解绑法寻求改变我们与思想的关联，而不是改变我们思想的内容。这是一种旨在帮助我们不要那么重视自己的想法、情绪和其他内部体验的方法。

认知解绑是对被称为认知融合的问题的纠正。认知融合是指当我们与自己的想法联系得如此紧密，以至于我们与环境的联系变得越来越少。我们把自己的想法当作是真实的世界，而不只是对世界的一种看法。某惊恐障碍症患者坐在教堂里，无法注意到教堂是一个人们可以自由来去的地方，因为他被困在自己的想法里，与自己的想法融为一体。他们只会看到一个陷阱，当他们与自己的想法融合在一起时，他们给予了自己的想法如此多的关注，以至于用自己的想法来支配自己的行为。认知解绑帮助他们退后一步，注意到他们只是在经历一些想法，让其自由地参与到他们现在所处的环境中去。本书中大多数应对恐惧想法的技巧都是以认知解绑为基础的。

对不愉快的想法进行实验

读者须知：本节包括接触令人不快的"如果……怎么办"的想法。

让我们通过一个实验来看看这些恐惧的想法的另一个方面。把你在惊恐发作时所经历的最可怕的想法写成一句话，将你最初担心的"如果……怎么办"的恐惧与你担心的灾难性结果的描述结合起来。下面是几个非常令人不快的例子：

如果我把一些食物放进嘴里，被噎住，然后死了怎么办？

如果我整个周末都被困在电梯里，尖叫到发疯怎么办？

如果我在餐厅里惊慌失措，让自己得了动脉瘤，变成植物人了怎么办？

如果我开车掉到桥下，被困在水下，慢慢窒息而死怎么办？

如果我在参加聚会时被吓坏了，精神崩溃了，然后在医院里度过我的余生怎么办？

这些想法的内容让人毛骨悚然，对吗？但这本书是关于用暴露的方式来缓解惊恐发作，而惊恐发作往往与令人毛骨悚然的想法有关。所以，请忍耐一下，写一个你自己的恐惧的想法：

_____

_____

都写好了吗？好了，现在把你的恐惧说出来，慢慢地且大声地说 25 遍。这是有逻辑治疗原因的，所以现在就做，在你有时间说服自己之前，不要停下来，做完 25 次。

你观察到了什么？有什么惊喜吗？

_____

_____

最后一次重复的情绪影响与第一次重复的情绪影响相比有何不同？你是否发现最后一次的情绪影响比第一次的要小？

_____

_____

如果你观察到自己的想法在一遍又一遍地重复时失去了一些情绪上的冲击力，那么你就发现了一种新的方法——一种可以帮助自己应对导致恐慌症的想法。

这是一种认知解绑技术。不要试图以某种方式把这个想法从你的脑海中赶出去。

通过与它争论或转移自己的注意力——你要做的是与这种本能相反，让自己沉浸在这个想法中。

如果你认识到这个实验的本质——练习接触不愉快的想法——就会有很大的意义。如果你对狗有恐惧感，你的治疗将涉及花时间与狗在一起，接触狗，并让恐惧感逐渐消退。这些"如果……怎么办"的恐惧来自你的狗。你可以运用同样的策略来接触你对某个物体、某个地点、某项活动恐惧的思想，你不必改变自己的思想内容，只要改变你与思想相关联的方式就足够了。在这种情况下，你是在花时间与思想相处，而不是试图压制或避免它。

我想大多数人都会发现，与焦虑的想法合作比与之做对抗更有效。在"17"章节中，我们将探讨认知解绑技巧，我们可以用这种方法来改变自己与焦虑想法的关系。

14
暴露疗法

. . .

现在我们来谈谈解决惊恐发作和恐惧症的方法：心理健康专家所说的暴露。暴露被认为是目前治疗惊恐发作和恐惧症最有效的方法。

许多人，包括一些治疗师，误解了暴露是怎么回事。我知道为什么，因为暴露不是常识的反映。事实上，正如我们在"对立面法则"中看到的那样，暴露是反直觉的，似乎与常识相抵触。

恐惧练习

暴露意味着进行恐惧练习，这是我比较喜欢的术语——练习。恐惧练习意味着让自己感到恐惧，然后带着恐惧待在原地，尝试不同的反应，并在你留在原地时与这些症状待在一起，而不依靠安全行为与抚慰物件。

人们常常错误地认为，暴露意味着在恐惧的情境中努力不惊慌。我曾有来访者告诉我，经过一周的暴露活动，他们在暴露练习中没有出现一次惊恐发作。"不要灰心，"我会说，"继续努力！"然后我们通常会为此大笑一场，这一点很重要。暴露练习的目的不是简单地将自己暴露在高速公路上、商场里、电梯里、杂货店里、聚会中。暴露是针对恐惧的练习，它涉及以不同的方式与恐惧关联，而不是抵抗恐惧。

下面是为什么暴露练习如此重要的原因。你因害怕发生惊恐发作而回避的

情况或活动是什么？

_____

_____

我们假设，无论出于什么原因，你今天去了那里（以前惊恐发作的地方），却没有惊慌失措。如果明天再去那里，你感觉怎么样？

_____

_____

如果你像我的大多数来访者一样，你很有可能不太愿意，当然也不太热切希望回到那个你曾经惊恐发作的地方。人们通常的反应是觉得自己很幸运，那次没有惊恐发作……而他们也不想再去那里碰一次运气了。

要进行恐惧练习，你需要创造通常会激起自己惊恐发作的情况、活动、地点、线索，并允许恐惧进入，而不是试图阻止它。

如果你在高速公路上驾驶时容易惊慌失措，那么你的暴露计划的重点将是高速公路的驾驶。同理，在商场、电梯里、超市排队时、会议中等都是如此。

对暴露治疗的看法的演变

在过去的 10 年中，我们看到专业人士对暴露练习是如何运作的，以及如何更好地规划暴露实践的看法发生了改变。

传统的暴露观是基于一种叫作习惯的模式。简单地说，暴露是通过消减恐惧反应来发挥作用的。如果你重复体验一个令人恐惧的物件——也许是蛇或电梯——足够多的次数，并且每次都坚持下去，直到恐惧感消退，那么你将逐渐失去对该物件的恐惧，这是一种更纯粹的行为学观点。这种观点将治疗的目标定义为摆脱恐惧，继续和蛇待在一起，或反复乘坐电梯。如果你练习的次数够多，那么恐惧就会离你而去。

也许你对此存有一些怀疑，因为你对自己害怕的对象或活动有很多的体验，但这并没有帮助你消除恐惧，这种情况通常发生在人们依靠安全行为来应对恐惧的时候。只有当人们在不依赖任何安全行为和抚慰物件的情况下进行暴露练习时，才会发生恐惧的消退。如果你依赖安全行为与抚慰物件，那么你会容易相信是自己的安全行为和抚慰物件拯救了自己，而这将阻止恐惧的消退。

这种习惯化模式在很长一段时间内我们都觉得非常受用，它为人们从恐惧中恢复过来提供了坚实的基础。但行业的专家们一直在寻求改进，而且有一些证据表明，较新的暴露模式比传统的习惯化模式有一些优势。

较新的模式被称为抑制性学习。该模式表明，暴露不是消除旧的恐惧记忆，而是帮助你学习一种新的模式，增加对恐惧的容忍度。单次暴露训练的目标主要不像在习惯模式中那样让人感到害怕，然后保持在那里直到恐惧水平下降。在这个模式中，暴露训练的目标是让你对自己害怕的东西有一些体验，帮助你了解一些新的东西，一些与你的恐惧反应不一致的东西。你仍然需要恐惧练习。但在这个练习的过程中，对恐惧的容忍比恐惧的减少更重要。然而，长期而言，目标是相同的——恐惧减少，做你想做的事的能力却增强了。

一个怕蛇的人如果害怕被蛇攻击，通常会发现，当蛇被放在地板上时，它会远离那些穿着大而重的鞋子的人。和蛇共处一室很长时间后，这个人就会学到一些新的东西——蛇通常会主动逃跑而不是主动攻击。这就创造了一种情境，在这个情境中，这个人可以和蛇待在一起，并感到不那么害怕，对仍然存在的任何恐惧更加宽容。暴露练习的直接的目标不是完全消除恐惧，而是学习一些关于你自己和你害怕的情况的新知识，以帮助你更好地容忍和处理它。

打算害怕

要意识到影响你的恐惧的微妙细节，并把这些细节放在练习中。比如，如果你在高速公路上的中间车道行驶时感到恐慌，但在右侧车道时却不会，因为靠近路肩可以提供舒适的感觉，那么你需要练习在中间车道上驾驶。如果你在电梯里惊慌失措，除非你把身体贴在墙上，那你需要练习直立，站在电梯的中间。如果你在教堂里惊慌失措，除非你坐在过道上，否则你需要练习坐在更靠近中间的位置。这就是心理健康专业人士所说的相关的暴露。如果你害怕聚会，但当你的配偶在你身边时你却感到受到保护，那么你至少需要在某些时候不带你的配偶赴会。如果有配偶陪在身边，你可能会更享受派对，但你不会在应对自身恐惧的练习上取得进步。

如果你改掉在 "04" 章节中列出的所有安全行为，你将从暴露练习中收获颇多。如果有必要，你可以逐步改掉这些行为，而不是一下子把它们全部放弃。但一般来说，有必要将这些行为全部放弃。出于这个原因，一旦你决定进行暴露练习，就要避免在你的生活中增加任何新的安全行为。

正是你为保护自己不受恐惧影响所做的努力让你的麻烦不断出现。事实上，我认为惊恐障碍被错误地命名了，我们应该称之为过度自我保护的障碍，因为这确实是惊恐障碍的运行方式，以及它扰乱你的生活的方式。惊恐障碍的最糟糕的特征——回避愉快、有益的活动，恐惧的预想，对物件和支持者的依赖——都是过度自我保护的一部分。

保护自己免遭危险是好的，但保护自己免于不适则不是。

将自己暴露在恐惧之中，并与之一起练习，而不是保护自己，这样才能帮助自己摆脱对惊恐发作的恐惧。这种有效的恢复方法将使自己变得越来越不害怕惊恐发作。只要你害怕，惊恐发作往往就像一个恶霸一样黏在身边，一旦你不再害怕惊恐发作，它们往往就会消退。

这可能与你所期待或希望的不同，对吗？它是与你的直觉反着的。

人们来到我的咨询室，他们通常希望我能够告诉他们如何做到不惧怕飞机、狗、公开演讲以及任何他们害怕的东西。他们有这样的愿望——首先，他们的恐惧将离他们而去，然后他们将去处理自己曾经恐惧的情境和对象。

你可以做到让恐惧离你而去，也可以做到处理自己恐惧的情境，但你可能无法依照上述的顺序。恐惧飞行者需要在飞机上学会不那么害怕乘坐飞机，怕狗的人需要和狗待在一起才能让恐惧逐步减退，惧怕在高速公路上开车的人需要练习在高速公路上开车等。

你的大脑是如何处理危险的

为了帮助读者理解大脑是如何处理危险的（和危险传闻），我需要告诉读者关于大脑的一些知识。当我们想到大脑时，我们通常想到的是大脑皮层，即从事有意识思考的部分，因为我们对这一部分非常了解。但大脑还有许多其他部分，每个部分都有自己的功能，而且这些部分在我们的意识之外运作。比如，我们无法意识到自己小脑的功能。小脑在我们的意识之外维持着我们的身体平衡——我们站起来了，没有摔倒，说明我们的小脑功能正常。

大脑的其他部分也参与了保护我们的安全，杏仁核在很大程度上参与了强烈的情绪唤醒和控制"战或逃"反应，它是我们的防线，是大脑中负责观察危险迹象的部分，并在这些迹象出现时采取迅速的行动保护我们。

很多时候，杏仁核是我们默默的守护者，观察着任何潜在的危险迹象，但当大脑皮层似乎在主持大局时，杏仁核却静静地待在后台。然而，如果杏仁核检测到它认为是危险的迹象时，它就会让我们采取必要的行动，包括战斗或逃跑，以确保面对潜在威胁时的安全。学习一些关于杏仁核如何运作的知识将有助于我们理解暴露练习的必要性和价值。

关于杏仁核需要了解的一点是，它通过与五种感官的神经连接，直接接收来自外部世界的信息。它实际上比大脑的任何其他部分更早获得来自外部世界的信息。这显然是因为杏仁核有最紧急的任务，它负责保护我们，当它观察到它认为是危险的征兆时，它就会启动战斗、逃跑或冻结反应。

关于杏仁核的另一个知识点——当它被激活以应对明显的威胁并启动战斗或逃跑时，大脑皮层与杏仁核之间的通信被抑制。大脑皮层的工作速度要比杏仁核慢得多，这种抑制可以防止杏仁核在其应急反应中被抑制。这是件好事，因为你不希望有一群由说话慢吞吞的人组成的委员会来应对紧急情况，你希望有人准备好迅速采取行动。

这就是为什么我们不能简单地说服自己摆脱惊恐发作的原因。蛇恐症患者如果阅读了前面的材料，了解到蛇通常会逃避人类而不是攻击人类，他们会因为知道这一点而摆脱恐惧，但能借此摆脱的恐惧在大脑皮层而不在杏仁核里。为了在看到蛇时不惊慌失措，他们必须将这一信息传递给杏仁核。他们需要重新训练自己的杏仁核，使之认识到恐慌的触发因素——无论是蛇、交通堵塞、拥挤的电梯、收银台前的长队等，都是不适的标志而不是危险的标志。

不幸的是，当我们未能说服自己摆脱恐惧时，我们可能倾向于责备自己。人们常常把说服自己失败的原因归结为自己太软弱、太胆小、太愚蠢、有某种缺陷。但是他们无法说服自己摆脱恐惧的原因是杏仁核暂时接收不到来自大脑皮层的任何召唤，杏仁核正忙于处理潜在的紧急情况，来自大脑皮层的呼叫进入呼叫等待。

重新训练你的大脑

如果你对自己的杏仁核处理怕狗、怕坐飞机的方式不满意，那么你可以改变它，但不是通过与自己的杏仁核交谈或争论的方式。如果你不满意你的肱二头肌的样子，你可以改变它，但不是通过与自己的肱二头肌争论的方式。就像你的杏仁核不会听你的一样，你的肱二头肌也不会听你的，但你可以通过正确的锻炼来改变自己的肱二头肌。同样，你可以通过正确的练习来重新训练自己的杏仁核。

如果你打算重新训练自己的杏仁核，这里还有一个事实你需要知道：杏仁核只有在被激活时才会学习和创造新的记忆，只有在你害怕的时候，它才会被激活——当你的杏仁核极力想保护你的时候，这就是惊恐障碍和恐惧症的核心悖论之一。为了训练你的杏仁核不触发惊恐发作，你需要安排自己的杏仁核被触发一次，然后留在原地直到它过去，或至少有足够长的时间让杏仁核对你的恐惧形式新的认识。

因此，一个害怕乘坐电梯的人，如果想训练自己的杏仁核使其对乘坐电梯的恐惧感降低，需要遵循以下关键步骤：

1. 进电梯。

2. 感到害怕，因为杏仁核进入全面警戒状态，激活了"电梯＝坏事"的联想，使他们自己充满恐惧。

3. 乘坐电梯足够长的时间，让杏仁核有时间注意到没有坏事发生。

4. 等杏仁核安定下来，建立新的记忆，认为电梯至少有时是好的。

5. 必要时在各种电梯中重复，以加强"电梯＝好事"的学习，直到它成为杏仁核对电梯的主导性联想。

暴露练习的重点不是不在现场，也不是不感到害怕。重点是要出现在现场，感到恐惧，并与之相处。同时，避免用安全行为来保护自己，这样你的杏仁核才有机会学习新的东西，并使恐惧感减弱。逃避与自我保护会维持和强化恐惧感，而暴露练习可以减少恐惧感。暴露练习不是让你变得更强硬、更勇敢、更聪明，暴露练习是在重新训练你的杏仁核。

如果你发现自己在想"这和我要做的事正好相反"，那么这是个好迹象。"对立面法则"意味着要学会在恐慌的情况下采取不同的行动，所以做与你平时相反的事情意味着你正朝着康复的方向前进。每当你发现自己诱使自己以旧的、回避的、自我保护的方式行事时，请记住，这些方式会维持你的恐惧。

有多远，有多快？

大多数人会采纳渐进式暴露练习，那就意味着为自己害怕的活动和情况列一个清单，以自己可以接受的速度一步一步地进行练习。你可以以自己认为有效的速度进行。重要的不是速度，而是你正朝着正确的方向进行定期且频繁的练习。只要你在练习直面自己害怕的东西而不是回避它、保护自己，并且定期进行练习，你就能恢复自己的能力，做自己想做的事情。

传统的习惯性接触模式是建立在逐步接触的基础上，每次都是一步一步往前走。而抑制性学习模型表明，如果你把暴露步骤的顺序打乱，使之更随机、更像现实生活，你可能会受益更多。我将在"18"章节中提供一些暴露练习的建议。

如果你愿意，也可以进行大规模的暴露练习，那样就撇开了循序渐进、一步一个脚印的方法，而涉及一下子对你感到恐惧的东西进行全面且长时间的接触。比如，处理对高速公路的恐惧的渐进式方法将涉及反复的短途驾驶，逐渐延长其驾驶的里程和逐渐提升途中交通的复杂性，而大规模暴露的方法将从一次真正的长途驾驶开始。除非你在进行一项不容易被分解成小的步骤的活动。

学会直面挫折

渐进式暴露往往是艰难而可怕的，渐进式暴露要求你靠近恐慌，而不是回避恐慌。

假设你想学习自我防卫，并对保护自己的身体有合理的信心。你可以阅读有关自卫的书籍，甚至可以自己练习一些动作和技巧，也可以在互联网上做做功课。但如果没有实践或体验，再多的阅读、观看、单独的练习也不会让你对自己有信心。你无法确定自己是否能记住在搏斗中该做什么，更不用说正确地把那些招数运用出来。

如果你真的想学习并对自己的自卫能力充满信心，那么你需要学习一门课程——在课上，教官会教你如何表现出一种身体上的存在感；如何让潜在的攻击者对你望而却步；如何保持对环境的觉知；如何利用攻击的能量来对付对手；如何分散对手的注意力，迷惑、打击、劝阻、躲避对手。

而教官也会和你进行实战练习。

当然，教官和你搏斗是光明正大的，经过你的允许的，而且不会使出全部力量。如果你没有实际搏斗的经验，就很难对现实生活中的攻击做出反应。通过选修自我防卫课，作为学习的一部分你就会接受与教练和同学们的拼斗。

具体步骤

你学习自我防卫课所需的态度和方法与你在解决惊恐发作和恐惧症的过程中需要的态度和方法是一样的。你首先要学习一些技巧，培养一些对恐惧和恐惧症状的新反应，然后走出去，对恐惧和恐惧症状进行体验。

这个过程有以下五个步骤：

1. 确定你预计会发生惊恐发作的情况。

2. 确定你担心恐慌会对自己造成什么影响。

3. 创造你容易恐慌的环境。

4. 练习惊恐发作的情况。

5. 将实际结果与自己的预期进行比较。

练习的重点不是为了避免在你害怕的情况下出现惊恐发作，就像去选修自卫课程，你只是在一旁观看并做笔记，却拒绝参与。暴露的意义在于体验惊恐症状本身，并发现当你不回避、不保护、不以其他方式抵制恐慌时会发生什么，这样你才能学会处理它们，并对自己的能力产生信心，以自己可以接受的速度一步一步地暴露。

内感受性暴露

另一种形式的暴露练习被称为"内感受性暴露"，这是一个花哨的词，意味着采取具体的身体动作，故意诱发各种恐慌症状，以便进行练习。这也是一种诱发恐慌症状的方法，无须外出旅行，因为这些练习可以在家里进行。

大多数恐惧症都包含一些情境因素，比如某个地点或某项活动引发了人们的恐惧。我认为重要的是他们要对那个地点或活动做大量的暴露练习，所以我不建议完全依赖内感受性暴露，但其可以作为暴露练习的一个很好的补充，特别是对于更广泛的恐惧，如恐高症、幽闭恐惧症，可以在他们的暴露练习中增加"26"章节中提到的几个内感受性暴露练习。

　　到目前为止，本书的大部分内容都是在告诉读者你是如何被诱导着思考和行动，以维持和加强自己的恐惧情绪。接下来的几章将向你展示——如何利用你对恐惧运作方式的理解来促进自己的康复；如何与恐惧打交道，以便能够继续进行暴露；甚至如何应对在你阅读这些文字时可能正在经历的预期焦虑。

暴露练习

Part 3

15
如何处理惊恐发作

· · ·

也许现在你在想："好吧，我知道了！"惊恐发作并不危险，它们只是骗我这么想。我想这就是为什么我还活着，而且或多或少清醒着的原因。如果我进行暴露练习，我的恐惧应该逐渐消退，那就足够让我愿意考虑进行练习了。但你可能会问："如果我真的和自己的恐惧接触了，我就会有惊恐发作！那我该怎么呢？"

如果你什么都不做——只是在外面闲逛时，体验到恐慌——你会被吓到，然后那种恐惧就消退了。如果你完全相信恐慌是无害的，只是像打喷嚏的所有戏法一样，你暂时受到了惊扰，那么你的注意力就又回到了你之前在做的事情上了，就像你感觉中的其他暂时性干扰一样。

要做到那样的自信是很难的，因为恐慌会诱导你去抵制和试图保护自己，问题就出在这里。你抵制的东西会持续存在。你需要试试用越来越少的抵抗来应对恐慌，让它过去，看看当你不抵抗恐慌时会发生什么。

有组织的反应是非常有帮助的，不是为了让你安全，因为你已经很安全了。你需要一系列有组织的反应，这样你就不会被骗，让情况变得更糟。

暴露过程不像练习保龄球和链锯那样，你不用非常好、非常快，不需要按照自己的节奏一步一步走。通过不断试验、犯错、再试验、再犯错，让自己变得越来越好。

以下是我根据《焦虑障碍和恐惧症认知视角》一书改编的一个五步流程。无论你是在刻意做暴露练习或在其他时候，你都可以在惊恐发作时使用这个流程。

当你阅读这些步骤时，将它们与你在恐惧症发作时通常所做的事情进行比较，你可能会发现一些显著的差异。这正是我们要寻找的，这些差异是你做出改变的最佳机会。

你可能想对这些步骤进行微调，以反映你在任何情况下惊恐发生时的特殊需要。在高速公路上开车时发生的惊恐发作、参加员工会议时的惊恐发作与在超市购物时发生的惊恐发作会有不同的反应。请根据自己的情况定制这五个步骤，使其成为你自己的。

这五个步骤用缩写 AWARE 来概括。它们是：

承认和接受（Acknowledge and Accept）

等待和观察（Wait and Watch）

行动（使自己更舒适）（Actions）

重复进行（Repeat）

结束和评估（End and Evaluate）

第一步：承认和接受

第一步是承认目前的现实——你有惊恐发作或感觉到惊恐即将发作——要尽可能地让自己正视种种经历。跟自己说你很害怕，并记住，尽管这种经历感觉很糟，但害怕是可以允许的，惊恐发作是没关系的。

当你在暴露练习中开始感到恐慌时，你可能会有这样的想法："哦，不！我为什么要来这里？我来到这里是为了什么？"这是个好问题，值得回答。答案是："这——恐惧——就是我来的目的。暴露练习是很好的练习，它将有助于我克服惊恐发作。"

有目的地注意到恐惧的症状，并在尽可能少的抵抗下体验它们。每当你发现自己在与恐慌做斗争时，就应放弃那种挣扎，留在原地。

当你在一个严寒的日子里外出时，你有可能本能地收紧自己的肌肉，好像这样会使自己更温暖。而实际上自己感到更冷了。如果你知道这一点，就可以养成每次紧张时放松这些肌肉的习惯，你可以用同样的方式抵抗焦虑的本能冲动。当你发现自己在抗拒时，叹口气，放下抗拒——一次又一次。新的习惯就养成了。

你可能很容易对自己感到不安，因为你一次又一次地发现自己有抗拒的行为，但不要被愚弄。当你发现自己在抗拒时是件好事。你一直在抗拒，不同的是，现在你已经觉察到自己在抗拒——很好！这给了自己一个开始改变这个习惯的机会。

你的目标是接受恐惧，就像你接受老板训话一样，他不会倾听你的见解，也不会长期监督你，因为你有其他计划。就目前而言，被动地接受是对你有利的，因为吵架对你没有丝毫益处。

你的目标不是忽视恐惧或假装它不存在，而是开始不那么关心这些想法和感受。当你注意到你在分散自己的注意力时，把你的注意力拉回到恐惧上，这样你就会对它不那么敏感。当你注意到你在命令自己"不要再想了！"时，退回来，让自己感受这些想法——不是作为重要的警告，而是作为恐惧的症状。

你被要求承认的情况是你害怕。你可能会有暗示自己处于危险之中的想法，但你可以把这种想法看作是你害怕的标志，是恐惧的另一种症状，而不是一种现实的评价。当你有关于处于危险中的想法时，把它们看作是你在恐惧时经历的通常症状，仅此而已。

记住，想法并不总是真实的，通常它们只是些废话，是用语言而不是用感觉表达的症状。你不喜欢它们，但你可以接受它们，正如你可以接受头重脚轻的感觉、可以接受自己哭泣、可以接受自己紧张的心理。你不需要让它们闭嘴或反驳它们，你只需要让它们喋喋不休一阵子。

接受你在这一刻感到害怕的事实。不要与这种感觉做斗争或要求上帝让这种感觉消失或责备自己与他人。接受你的恐惧，就像你接受自己头痛一样。你不喜欢头痛，但你不会用自己的头撞墙来试图摆脱头痛，因为那只会使头痛更厉害。

从"对立面法则"中可得知，你的直觉会让你做的事情变得越来越糟。把那种本能看作是一种症状，你不一定要遵循自己的直觉，你可以做与它建议相反的事情，不做任何使恐惧加重的事。不要挣扎、对抗、试图保护自己，只是对自己说："让恐惧来吧。"

你可能会想："我怎样才能接受惊恐发作？"可以通过以下方式接受它：

- 待在原地。
- 允许自己感受任何感受。
- 充当观察者，而不是受害者。
- 让时间过去。

一旦你下定决心承认并接受惊恐发作，你可以做一些事情来让自己感觉更舒适一些，不那么害怕，而你在等待着惊恐发作的结束。

是什么使得惊恐发作可以被接受？

你在"02"章节中回顾了自己惊恐发作的经历。你发现惊恐发作对你造成的最坏影响是什么？

_____

_____

虽然惊恐发作让你感觉很糟糕，让你充满恐惧，但惊恐发作并不危险、不会杀死你、不会使你发疯。如果你真的处于危险之中，那么你就必须做一些事情来保护自己。如果有人用枪指着你，你就得跑、躲、打、喊、贿赂、乞求，因为被枪击的后果是如此可怕，以至于你必须尽一切可能避免。但对大多数人来说，恐惧带给他们最糟糕的事情是让他们感到害怕，可是他们已经在经历最糟糕的事情了，那么后面只会变好。他们所要做的就是等待，给它时间，让它过去。

你接受惊恐发作，因为你越抗拒，恐惧就越严重，而你越是接受它，它就越早消退。

承认和接受与你平常的行为相比，有何不同？

承认和接受	我平常的行为
1. 我承认我害怕。	1. _____
2. 我让自己害怕。	2. _____
3. 我接受自己害怕（我认命了）。	3. _____
4. 我发现自己在抗拒，并让自己回到归于正轨。	4. _____

第二步：等待和观察

你可能知道自己的直觉会与等待和观察相反。你的直觉反应将是分散自己的注意力并逃离惊恐发作，你可能知道那是没有用的。因此，即使你计划等待和观察，也要预见转移注意力和逃离的冲动。当这种冲动出现时，只要让自己回到正轨上，而不是费心去谴责这种冲动。

等待和观察是你小时候学到的东西的改进版——"生气之前从 0 数到10！"等待和观察的原理是一样的。

惊恐发作会暂时剥夺你的思考力、记忆力、注意力，等待和观察将为你赢得时间，在你采取行动之前恢复这些能力。如果你在有机会思考之前就做出反应，那么你可能会逃跑、挣扎或做其他事情，使自己感觉更糟。这就是人们所说的"我知道我是在对自己动手"。

当然，很自然你会有一种强烈的冲动，想离开惊恐发作的现场。觉察到这种冲动，你就不会对此感到惊讶。当你观察到这种冲动时，认识到逃离是一种选择，并将这一决定推迟一段时间，不要告诉自己你不能逃离——保持这种选择，这样你就不会感到被困住，但要推迟关于逃离的决定，暂时留在那里。

你可以通过逃离的方式让惊恐发作即刻而止。但请记住，应对恐惧的练习是你来到这里的初衷。你每次来做练习的时候，让自己对恐惧不敏感，等待它的退去。你选择长期的自由，而不是立即的舒适，观察恐惧如何运作，以及自己如何回应它。那样的话，你会取得最好的进展，直到恐惧消失，也许还能从这次经历中学习到一些新的东西。

完成等待和观察任务的最好方法是在经历恐惧时完成《恐慌日记》。在惊恐发作时，完成《恐慌日记》，这个想法一开始常常让人们感到害怕，因为他们宁愿当时离开，以后再写。然而，在发作期间完成《恐慌日记》是一个难得的恢复机会（参见"16"章节关于《恐慌日记》的更多内容）。

等待和观察与你平时的行为相比，有何不同？

等待和观察	我通常所做的
1. 我看着自己匆忙的反应，又回到了等待。	1. _____ _____
2. 我承认有逃跑的冲动，但我留在了原地，推迟决定，我还有选择。	2. _____
3. 我观察自己的反应并完成《恐慌日记》。	3. _____

第三步：行动（使自己更舒适）

现在你已经花了一点时间来承认和接受恐惧，并等待和观察它，你已经处于很好的状态，可以采取一些行动来帮助自己了。

前两个步骤是非常重要的，它们帮助你认识正在发生的事情，并记住在匆忙采取行动前自己需要做什么。如果你没有经过前两个步骤就立即采取行动，你很可能反应过度，让情况更糟。所以要约束自己，按顺序完成这些步骤。

采取行动的时间是在你完成前两个步骤之后，还记得在"07"章节中，我问你是否曾经有过惊恐发作而没有结束的经历吗？我不能确定，但我很肯定你说没有。

你可能很习惯有这样的想法：让惊恐发作结束是你必须要做的，其实这是骗局的一部分。让恐惧症发作结束并不是你必须要做的，每一次惊恐发作都会结束，无论你是以最好的方式让它软着陆，还是以最坏的方式，即战斗和逃离，或在两者之间犹豫。

无论你做什么，每次惊恐发作都会结束。让惊恐发作停止不是你的责任。

惊恐发作时你该如何行动呢？是这样的：你看看在等待惊恐发作结束的时候，是否可以让自己更舒服一些。如果你无法让自己更舒服，那么你就等待。

在 AWARE 的行动步骤中，你应该采取什么行动？如果你认为让惊恐发作停止是你必须做的，那么你可能会挣扎、逃跑。但如果你记住，你要做的不是让它结束，那么你会看到自己采取的任何行动都应该是相当温和的。

在完成等待和观察后重新进入观察者角色之中，那样你可能在相当被动的情况下出现惊恐发作，比如作为汽车中的乘客、讲座的听众、观影者。在那种情况下，你没有直接责任，可以重新成为一个观察者。但在惊恐发作期间，你可能会被赋予更积极的角色，比如驾驶汽车、参加考试、面对某团体做报告、购物。

人们常常被这样的想法所欺骗，即他们必须先摆脱惊恐症状，然后再恢复自己在那种情况下的角色。但是，他们可能内心有各种各样的感受，在从事各种各样的活动。他们可以在饥饿、快乐、悲伤、愤怒、无聊、恐惧的时候开车。有些感受比其他感受让人感觉更舒服些，但只要人们不被诱导着抗拒，他们就可以在所有的感觉中从事大多数任务。因此，尽可能地继续你的活动吧。

提出有积极意义的问题

大多数人在惊恐发作时会自动地问自己"为什么"的问题。"为什么是我？""为什么是现在？""为什么在这里？"这些问题与其说是帮助，不如说是令人唏嘘的。在大多数情况下，你无法回答这些问题，即使你回答了，你只不过是一个消息灵通的惊恐发作患者。

你可能还注意到在惊恐发作期间有很多"如果……怎么办？"的问题。这些问题也是无益的，因为它们要求你假装一些灾难即将发生，而实际上真正发生的是你的恐惧和不安。

更好的问题是"现在发生了什么？""我应该如何应对？"这些问题将引导你的注意力、记忆力，使你能够做出有用的反应。你与自己的对话可能是这样的：

- "现在怎么回事？"
- "我呼吸困难，我开始恐惧。"
- "为什么会发生在我身上？"
- "哦，我又回去了。我发现自己在问'为什么'的问题。让我们回到'是什么''怎么样'的问题上。"
- "好吧，我该如何回应？"

• "我会叹气，做一些腹式呼吸，等待这一切结束。"

你可以问自己一个非常有价值的问题：

• "我现在所经历的是危险还是不适？"

这个问题会帮助你评估当时的情境，提醒你运用"对立面法则"，并引导你做出有用的回应。

其他回应可能包括以下内容：

• "好吧，让惊恐发作来吧，恰好是我练习应对惊恐发作技巧的好机会。"
• "那么，倘若我担心'如果……怎么办？'，我会害怕，然后又冷静下来。"
• "害怕没关系。"
• "惊恐发作很糟糕，但无论如何它都会结束，所以我只需要等待。"

让自己更舒服一点

在等待惊恐发作结束时让自己感觉更舒适一些与试图结束惊恐发作之间有重要的区别。前者是有帮助的，后者是没有帮助的；前者涉及接受惊恐发作并观察惊恐发作，后者涉及抵制、反抗惊恐发作。关键是要与惊恐发作共存，而不是与之对抗。即使在你观察惊恐发作的过程中，也要做一些让自己更舒服的事情。

腹式呼吸

我建议在惊恐发作时使用腹式呼吸法（详见"09"章节）。腹式呼吸不是救命稻草，因为你的生命不会因惊恐发作而处于危险之中。虽然大多数人都会经历惊恐发作期间呼吸不适，但它不会威胁到你吸入的空气量。然而，这可能会吓到你，并可能产生其他令人不快的身体症状，比如头晕目眩、胸痛、胸闷。

放松练习

学会识别和放松你身体中在惊恐发作时最紧张的部分，通常涉及下巴、胸部、肩部和腿部的肌肉。这些肌肉一次一组，先绷紧，然后放松。不要被骗而僵硬地站着，肌肉绷紧、屏住呼吸只会让你感觉更糟。锻炼你的肌肉和姿势，重新获得对身体的控制感。如果你觉得一块肌肉都调动不了，那么就从调动一根手指的肌肉开始。

如果你采用的安全行为之一是靠在墙壁或其他表面上作为支撑，那么请移开，并按照平时的方式站立。试试你是否能做到单腿站立，跳起来，落下去。即使你很脆弱，平衡能力很弱，或者如果你不努力支撑自己就会倒下，也要俏皮地挑战那些恐惧的想法。

如果你适合做一些心血管运动，比如跑步、走路、爬楼梯、跳舞，那就去做。这些运动会帮助你燃烧掉一些肾上腺素（虽然那样的运动对绝大多数人来说是安全和有益的，但如果你对此有任何疑问请咨询医生。如果医生说可以，尽管你可能有疑虑，但还是要做）。

不要躺下！我曾有来访者，他们在惊恐发作时就会去躺下。当他们问我躺下是否是一个好主意时，我会说："只有当你想让惊恐发作持续尽可能长的时间时才可以躺下！"当你躺下时，你正在以最慢的速度燃烧肾上腺素，而且你除了自己的恐惧和痛苦之外，没有什么可关注的。与躺着相反的是什么呢？某种温和的心血管运动将比躺下更有帮助。

让自己参与到当前的情境和活动中来

人们活在当下时并不惊慌，但当他们想象在一分钟、两分钟或十几分钟后将发生不好的事情时，或者他们想起了过去已经发生的不好的事情时，他们就会惊慌。这就是为什么惊恐发作时人们都会感到恐慌，这就是为什么惊恐发作几乎总是伴随着"如果……怎么办？"这一想法。但实际上，你担心的事情在那一刻并没有发生。

当你发现自己在想象未来、回顾过去或陷入其他情况时，有"如果……怎么办？"这一想法，那么花点时间关注你当下正在做的事情，庆幸自己觉察到了，然后参与到当时你正在做的事情中去。关注附近的五个物件，默念它们的名字，回到你在惊恐发作之间进行的活动中去，融入周围的人或物中去。如果你在商店里购物，那么你就阅读标签、比较价格、走动、提问、选择；如果你在开车，那么就开车：改变车道、对车速做小调整、打开收音机、换台；如果你在开会或在餐厅吃午饭，那么就参与到周围发生的事情中去，强迫自己问一个问题、发表一下意见或喝点水。

不要试图强迫自己停止思考，相反，关注并接受这样一个事实：你有这些可怕的想法。提醒自己，害怕是允许的。然后把你的注意力和精力拉回到你周围的环境中去，让"如果……怎么办？"这一想法继续下去。当你参与到"是什么"中时，你就与周围实际发生的事情产生连接了。

打好持久战

关于所有其他应对措施，请遵循黄金法则：选择你的长期自由，而不是眼前的舒适（逃离或其他形式的保护）。不要做任何会使自己更长期依赖或回避的事情，选择长期自由——你有能力自由选择你想要的生活，而不仅仅是你在未来 10 分钟内的感觉。

当你必须立即选择如何应对惊恐发作时，应根据你在当天晚些时候想要的感受来决定，而不是立即做出决定。问问自己："我希望 4 小时后，当我回想自己是如何处理这件事时，我想有什么感受？"因为惊恐发作的那一刻，你的安全与理智都不重要，你之后的感受才是真正的关键所在。你是否会因为自己努力把恐惧当作巧妙的骗人把戏而对自己感到满意？还是因为你又被骗了而对自己感到失望？

行动步骤与你平常的行为相比，有何不同？

行动步骤	我通常所做的
1. 我回答"是什么"和"怎么样"的问题，而不是"为什么"或"如果……怎么办？"的问题。	1. _____ _____ _____
2. 我使用腹式呼吸法。	2. _____
3. 我把注意力和参与度拉回到当下。	3. _____
4. 我放松，开始工作。	4. _____
5. 我与所处环境建立了身体上的连接。	5. _____
6. 如果可以，我会让自己更舒适；如果不可以，也没关系。那种不适感会过去的。	6. _____ _____
7. 我提醒自己惊恐发作会自然结束。	7. _____
8. 我遵循"对立面法则"。	8. _____
9. 我选择长期自由，而不是眼前的舒适。	9. _____ _____
10. 我做出的选择会让我在 4 小时后感到高兴。	10. _____ _____

第四步：重复进行

有时你可能开始感觉好些了，然后又感到一波恐惧。你的第一反应可能是："哦，不，它没有用！"重复步骤是为了提醒你，如果发生这种情况也没关系。这并不罕见，也不危险。事实上，这是一个练习的好机会，而这正是你需要的。只要再从头开始，在惊恐发作结束之前，你可能会经历几个周期。每一个周期都是练习 AWARE 步骤的好机会。

重复与你平常的行为相比，有什么不同？

重复	我通常所做的
1. 我期待并接受更多焦虑和恐惧的爆发。	1. _____
2. 我把一波一波的恐惧当作练习。	2. _____
3. 从头开始，然后通过 AWARE 步骤再练习一遍。	3. _____

第五步：结束和评估

这一步是为了提醒你：

- 你的惊恐发作会结束，因为所有惊恐发作都会结束。
- 无论你如何反应，惊恐发作都会结束。
- 让惊恐发作结束不是你的任务。
- 让自己体验惊恐发作时的任何感觉和想法，同时你待在原地，直到它结束，看看你能从这个体验中学到什么。
- 花几分钟时间，通过回答下面四个问题来评估你的体验。

你担心会发生什么？

_____

实际上发生了什么？

_____

你如何解释这种差异？

―――――――――――――――――――――――――――――――――――――――

你把自己未经历且担心发生的灾难归因于什么？

―――――――――――――――――――――――――――――――――――――――

这样，当你下次惊慌失措，想着"这一切会结束吗？"的时候，你会准备一些对自己有帮助的答案。

这与你平时所做的相比有什么不同？

结束和评估

1. 我提醒自己恐惧将结束。

2. 如果可以的话，我让自己更舒服一点。

3. 我观察我体内和周围发生的一切。

4. 我给恐惧时间，让它过去。

5. 我回答上面四个问题，并评估我的体验。

我通常所做的

1. _____

_____

_____

2. _____

_____

3. _____

4. _____

5. _____

_____

你所注意到的 AWARE 步骤和你通常所做的事情之间的所有差异对你来说是一份有价值的清单，定期审查这份清单，你的目标是将自己的反应越来越多地朝着 AWARE 步骤的方向转变。

当你注意到自己在用糟糕的老方法回应时，不要灰心。你觉察到了就是好事。那个糟糕的老方法是你过去一直在用的回应方法，你甚至都没有注意到。
当你现在有所觉察时，就是你转变的机会。

最后，在开始做暴露练习之前，我建议你在舒适的家中和其他一些情况
下，对 AWARE 步骤进行一次彩排。假装你有一次惊恐发作，并实操这些步骤，
使自己能够更自然地面对，这就像学校进行的消防演习，它将有助于你更自如
地应对。

16

恐慌日记

· · ·

"你想让我在惊恐发作时写日记？"

在惊恐发作的当下，把那时的情境和内在心理活动写下来的想法需要一点时间来适应，但非常值得去做。一旦你养成了这个习惯，就不会觉得像一开始那样烦琐。

人们通常认为自己在惊恐发作时是无法书写的，但大多数人都能把自己的情绪管理得很好，他们写的字有时候会受到影响，但字写得是否整洁无关紧要。

在惊恐发作时填写《恐慌日记》，你会收获更多。不要试图弄明白自己是否是因为惊慌失措才需要使用日记。如果出现恐慌，你就去写日记吧，因为多写日记对自己百益而无一害。

如果你在开车时惊恐发作，那么可以提前在手机上安装一个语音录音应用程序；如果有支持者和你在一起，让他们给你读问题并写下你的答案；如果你必须自己写下答案，那么等到你可以靠边停车的时候再写。在购物、乘坐电梯和其他公共场合，可以把问题的答案写在写字板或笔记本上。如果你知道如何把日记做成一个文件以便在自己的手机上查看，那也很好。

使用《恐慌日记》有两个很好的理由。理由之一是：《恐慌日记》可以帮助你观察和记录重要信息，否则你可能会在事后忘记；日记有助于你成为一个更好的侦探，挖掘出微妙的想法和反应，可以帮助你拟定新的行为方案。这就好比治疗师陪伴着你，检查你如何处理恐慌、观察实际发生的情况，并帮助你找到更好的应对方法。

恐慌干扰你的记忆，所以你可能会忘记惊恐发作时的细微但重要的细节。经常会有来访者拿来一本《恐慌日记》来和我讨论，读给我听，然后停下来说："我甚至不记得写过这个日记！"在那个当下把恐惧的情境和感受写下来，你肯定会收获更多更好的信息。

理由之二是：通过引导你注意它所提出的问题，日记有助于组织回答。当你看到关于你在想什么的问题时，你会被提醒你所知道的关于思想在惊恐发作中的作用以及你如何能够帮助自己。写日记的作用是将你的注意力引向以下有用的问题上：

"什么正在发生？"和"我应该如何回应？"

令人惊讶的是，人们常常发现，填写《恐慌日记》会使他们的恐慌程度下降，这是他们没有想到的。他们一开始就认为填写《恐慌日记》会使自己更加焦虑，所以他们不想写。但当他们尝试着填写时，他们通常会发现恐慌的程度降低了而不是提高了。

关于分散注意力的谎言

当我问我的来访者，填写《恐慌日记》如何降低他们的恐慌程度时，他们经常说，填写日记可以分散他们的注意力。然后我通常会说："真的吗？日记怎么能让你从恐慌中分心？日记中有关于你的惊恐发作的问题，并且'恐慌'在问题表述中出现了7次。问题中反复出现'恐慌'的字眼持续吸引了你的注意力，又是如何分散你的注意力呢？"

《恐慌日记》不会分散你对恐慌的注意力，如果你认为日记有助于分散你的注意力，你就会更有可能尝试其他形式的分散注意力的方法。弄清楚这一点很重要——分散注意力并不是一种帮助，而是一种安全行为。

《恐慌日记》可以帮助你，使你更快更好地进入观察者的角色，远离受害者的角色，这就是为什么填写日记通常会使你的恐慌程度下降的原因。日记不会把你对恐慌的关注转移开，它帮助你从不同的角度与恐慌这个主题相连。

不过，这不是我推荐填写《恐慌日记》的原因。事实上，如果你发现使用日记强烈地干扰了恐慌，你可能想推迟使用它，这样就不会妨碍你获得自己需要的恐惧练习。但是，只要你能得到足够的恐惧练习，仍然要使用日记，因为日记可以缓解惊恐，可以把这种缓解看作是对你正在做的恐惧练习的一种奖励。

挥手

人们通常喜欢这样的事实：完成日记可以减少他们的恐慌。他们有时候太喜欢了，以至于把写日记当成了一种仪式。我记得有一个来访者曾经假装自己在完成日记，他没有真的拿起笔，只是在空中比划着，在空中书写，但他发现这几乎和真的写日记一样有效。我们使用日记是为了帮助自己抽离出来成为自己行为的观察者，并记录当时的情景，为未来拟定行为方案，所以请不要把写《恐慌日记》当作一种安全行为。

将日记复印几份，并在任何可能惊恐发作的情况下随身携带一份。如果你通常带着一瓶药物，并且认为你需要继续服用一段时间，就把日记折得小小的塞进药瓶里，下次你伸手去拿药时，药瓶里的日记就可以充当药物的作用。如果你觉得仍然需要药物，那么你可以随时回去取。

恐慌日记

日期：＿＿＿＿＿＿　开始时间：＿＿＿＿＿＿　结束时间＿＿＿＿＿＿。

恐慌程度（圈出一个）：　　0　1　2　3　4　5　6　7　8　9　10

症状：

身体感受＿＿＿＿＿＿＿＿＿＿＿＿＿＿＿＿＿＿＿＿＿＿＿＿＿＿＿

思维＿＿＿＿＿＿＿＿＿＿＿＿＿＿＿＿＿＿＿＿＿＿＿＿＿＿＿＿＿＿

情绪＿＿＿＿＿＿＿＿＿＿＿＿＿＿＿＿＿＿＿＿＿＿＿＿＿＿＿＿＿＿

行为＿＿＿＿＿＿＿＿＿＿＿＿＿＿＿＿＿＿＿＿＿＿＿＿＿＿＿＿＿＿

你在哪里？在惊恐发作开始之前，你在做什么？

＿＿＿＿＿＿＿＿＿＿＿＿＿＿＿＿＿＿＿＿＿＿＿＿＿＿＿＿＿＿＿＿

你是一个人吗？（如果不是，请列出在场的人）

＿＿＿＿＿＿＿＿＿＿＿＿＿＿＿＿＿＿＿＿＿＿＿＿＿＿＿＿＿＿＿＿

惊恐发作之前，你是怎么想的？

＿＿＿＿＿＿＿＿＿＿＿＿＿＿＿＿＿＿＿＿＿＿＿＿＿＿＿＿＿＿＿＿

在惊恐发作最严重的时候，你担心的结果会是什么？

＿＿＿＿＿＿＿＿＿＿＿＿＿＿＿＿＿＿＿＿＿＿＿＿＿＿＿＿＿＿＿＿

你在使用 AWARE 步骤吗？

＿＿＿＿＿＿＿＿＿＿＿＿＿＿＿＿＿＿＿＿＿＿＿＿＿＿＿＿＿＿＿＿

你的呼吸如何？你是用腹式呼吸吗？你是以呼气开始的吗？

＿＿＿＿＿＿＿＿＿＿＿＿＿＿＿＿＿＿＿＿＿＿＿＿＿＿＿＿＿＿＿＿

你是否使用任何安全行为，比如分散注意力，拥有支持物、保护性规则或仪式等。如果是，请描述。

＿＿＿＿＿＿＿＿＿＿＿＿＿＿＿＿＿＿＿＿＿＿＿＿＿＿＿＿＿＿＿＿

你愿意放弃安全行为吗？你愿意花一些时间等待和观察吗？

＿＿＿＿＿＿＿＿＿＿＿＿＿＿＿＿＿＿＿＿＿＿＿＿＿＿＿＿＿＿＿＿

惊恐发作是如何结束的？

＿＿＿＿＿＿＿＿＿＿＿＿＿＿＿＿＿＿＿＿＿＿＿＿＿＿＿＿＿＿＿＿

在惊恐发作时，你认为发生的最糟糕的事情是什么？

_____

如果你担心的结果没有发生，你怎么解释？

_____

在这次经历中你是否有任何惊喜？有什么与你预期不同的地方吗？

_____

你对自己的反应有多满意？下次想做的有什么不同吗？

_____

17

预想

. . .

想象一下，如果有人定期拍打你的肩膀并问你下面的问题：

- "如果你在今天的员工会议上开始流汗或脸红怎么办？"
- "如果你今晚在商场里心脏停止跳动怎么办？"
- "如果你在你女儿下个月的婚礼上敬酒时晕倒怎么办？"
- "如果你在今年冬天 4 个小时的飞行中吓坏了怎么办？"

如果你患有惊恐发作和恐惧症，上面那些问题会出现在你的脑海中，但不是别人问你的，是你自己的大脑在问自己。你并不希望有这些想法，但它们确实存在于你的脑海中。

如果别人反复问你一些负面的问题，那会让人很不爽。但如果你认识到他们只是想挑起事端，那么可以对他们的这种行为置之不理。

但如果是你自己的大脑在给你挑事，那就比较棘手了。

在 "13" 章节中，我们看到人们如何本能地抗拒那些想法。他们尝试争辩、停止思考、转移注意力、寻求安慰，希望能平息他们的预期想法。不幸的是，通常他们越抵制，预期的想法就会越频繁出现，即使是认知重组也常常以争论告终。

不要试图改变思想的内容，改变你与那些想法相关联的方式可能会更好。认知解离（认知解离由观察念头、标识念头、放下念头和隔离念头四种技能组成，是接纳承诺疗法提出的应对认知融合的技术）对此非常有帮助。提醒一下，认知解离是帮助你更少地去提取预期想法的字面意义的方法。

你可以采取以下的步骤将认知解离技术添加到自己的暴露练习中。

第一步：培养更强的预警力

第一步是提高对自己质问自己的觉察的能力。你是否时不时会收到一封来自自称是尼日利亚王子的电子邮件，问你是否愿意保管他的数百万美元，但要支付一笔固定的费用？或者收到一封自称是来自微软的邮件，警告你的电脑有病毒，并提出为你清除病毒？

当然，这些电子邮件都是骗局，希望引诱你点击一个会给你带来很多麻烦的链接，只要你认识到这一点并删除这样的邮件，就不会受到影响。但是，如果你上当了，把那封电子邮件当作一个合法的提议，那么就不会有什么好结果。

50 英尺梯子的骗局

有一天，我和儿子在外面聊天，一个陌生人走过来问我们是否有梯子，我告诉他我屋里有一把。他解释说，他需要一把 50 英尺的梯子，因为他把自己锁在了五楼的公寓外面，如果他能找到一把 50 英尺的梯子，他就能从一扇打开的窗户进去。他看起来是个好人，我们也想帮忙，但我们没有这么高的梯子，所以我们想：他在哪里可以找到一把这样的梯子呢？我们开始考虑其他可以让他重新进到公寓的方法——联系他的房东或找一个锁匠。我们给他提供了一部手机，让他给房东打电话，还提议开车送他去找锁匠，直到他说如果我们借给他 50 美元，他可以自己去找锁匠，我们才意识到发生了什么——这次谈话并不是关于梯子或回到他的公寓，这是个骗局。

预期的担心是同样的道理——你的那些想法里没有任何可以使用的信息。如果你没看穿诈骗邮件的把戏，你很可能会成为受害者。如果你把自己的预期担忧当作对未来事件的有效警告，你就会收获多次惊恐发作。无论是借梯子还是预期的担心，你都需要认清信息的真面目，并做出相应的反应。

幸运的是，这些令人担忧的预期性想法绝大多数都是以一句话来宣布它们的到来，其方式就像绿旗是宣布印第安纳波利斯 500 英里大奖赛（由美国 IRL 举办的汽车运动大赛）开始一样，这句话是你收到邀请并开始担心那些极不可能发生的事情的最好信号。

这句话是"如果……怎么办？"。

第二步：看到思想的症状

典型的自我质问的想法里充满了灾难性的词语，比如心脏病、中风、昏厥、精神错乱。如果你把注意力集中在这些词上，你会被愚弄，而感到非常不安。让我们来看看这种思想是如何开始的，以及"如果……怎么办？"是什么意思。

这句话的意思是"让我们假装一些坏事发生"，但是这些想法并没有描述实际发生的事情。相反，它们邀请你想象未来发生的不好的事情，让你烦躁不安，直到无法思考。

你为什么会有这些想法？只有一个原因，就是现在此时此刻——你很紧张。这些想法是紧张的症状。

这些想法不是关于未来的重要警告，其中没有任何关于未来的有用信息，这些想法只是焦虑的症状，其含义与所有其他此类症状一样——"我现在很紧张"，仅此而已。

逮个正着

问题是人们很少注意到"如果……怎么办？"部分的思想，而他们的注意力立即会转移到后面的灾难性条款上去，即对一些现在没有发生的可怕事件的描述。虽然这些事件实际上现在并没有发生，但它们描述的灾难是如此可怕，以至于受害者的注意力很快就被抓住了，他们开始感觉与思考，仿佛那就是现实。接下来他们就在脑海中为自己放映恐怖电影。

我们可以通过更好地觉察"如果……怎么办？"的部分来真正帮助自己，这是唯一有真正意义的部分，意思是："这里有一些可怕的事情，现在还没有发生，你为什么要假装那些可怕的事情将要发生呢？"

当你能更好地觉察到思想的这一部分时，你就能更好地与思想的内容起舞，而不是被它触发。

这里有一个方法可以更好地观察这些想法。买几盒薄荷糖，养成身边总带一盒（一盒糖有 60 颗）的习惯。每次当你觉察到有"如果……怎么办？"的想法时就打开盒子，取出一块薄荷糖。如果你愿意，可以把那颗糖吃掉，或者把它扔进垃圾桶。这样可以让你记数，观察你有这种想法的频率。数数是一个很好的方法，可以训练自己注意"如果……怎么办？"的想法，并记住它们的含义。你越能注意到"如果……怎么办？"的想法，就越有机会与这些想法解离。

第三步：不要玩"嘲笑者"的游戏

第三步是以一种能抚慰自己的方式做出回应，而不是用嘲笑自己、质问自己的想法的方式甩开自己的步伐。

回应方式 1：让自己紧张

简单地检查一下你的思想，看看是否有任何你没听过很多遍的新信息，是否有一些让你能过上更安全、更健康生活的实际建议。如果有，那么就用起来。

但是，绝大多数质问自己的想法并没有提供任何新的信息或任何有价值的东西，那些想法只是让你担忧，你可以摒弃那些想法，简单地说："没关系！我只是紧张，紧张是可以的。"或者你可以稍微改变一下你对这些想法的看法，对自己说"我有一个想法，我快要崩溃了，我要摒弃这个想法"，而不是"我认为我要崩溃，我要摒弃这个想法"。这样你就能够认识到自己有这种想法的事实，而不把它变成一种预测。

有时候能做到上面那样就足够了。只要注意到这个想法，把它看作是无用的担忧，承认它是人类状况的一部分，然后让它消失。但在其他时候，你会发现很难放下这个想法。与其和它纠缠不清，不如使用以下应对方法之一。

应对方法 2：幽默地对待你的恐惧

我经常与我的来访者谈论一个虚构的人物，我喜欢称之为"争论叔叔"。"争论叔叔"是一个好人，但他真的喜欢争论。如果你是民主党人，那么他就是共和党人。如果你喜欢橄榄球，那么他就喜欢足球。如果你最喜欢的季节是春天，那么他就喜欢秋天。我认为很多家庭都有像"争论叔叔"那样的人。

他喜欢争论，但争论会让你胃疼。假设在一次婚宴上你坐在"争论叔叔"的旁边，你怎么才能在不和他争论的情况下享受这次婚宴呢？你想留下来享用晚餐，所以离开是不可能的。所有的座位都排满了，所以把椅子搬走也不行。没有人想和这个人争论，所以换座位也行不通。

你能做什么？

你可以试着转移话题，但他只会指出你在转移话题，并不断地将话题带回到争论上。你可以拒绝谈话，但他会就此与你对峙，并继续试图恢复争论。你可以试着忽略他，但仅仅是无视他的努力就足以让他继续留在你的注意范围

内。有很多事情你可以尝试，但它们都涉及抵制，而你抵制的东西将持续存在。相反，如果你迎合他，他说什么你都同意，那么他很快就会感到厌烦，去寻找其他人来争论。

你的预期想法和"争论叔叔"的争论很像，它们是一些重复的想法和建议，没有什么事实依据。它们对你的生活没有任何价值。你越是抵制，它们就越顽固。但是，如果你幽默地对待它们，它们就更有可能消逝，而不会让你感到烦躁。

预期的想法只是焦虑的症状。认清它们的本来面目，并以某种有用的方式做出回应是很有帮助的。但你不必尊重这些想法的内容。它们相当于精神上的垃圾，与它们争论，往往会使你更加激动和不安，所以不要与它们争论，而是要顺着这些想法。

回想一下本章开头列举的预期想法。

"如果你在今天的会议上开始流汗或脸红怎么办？"（哦，是的，我将会汗如暴雨而下，最好带上拖把，因为我的汗水会像满月时的潮水一样流过那个房间。还有脸红，他们可以把灯关掉，我会产生足够的红光照亮整个房间，让大家沐浴在漂亮的红色色调中！）

"如果今晚在商场我的心脏跳出来怎么办？"（哦，我很惊讶我的心脏怎么没有在吃早饭的时候停止跳动。）

"如果我在女儿下个月的婚礼上敬酒时晕倒怎么办？"（晕倒？我还可能把赴宴的嘉宾全赶跑了。当新郎的家人看到我这么不靠谱时，他们就会打电话给教皇要求取消婚礼。）

迎合是避免卷入这些想法的一个好方法。只需接受这些想法，并顺从这些想法，而不是抵制这些想法。

在你不焦虑的时候先尝试这些方法总是好的。如果你等到自己焦虑了，就会显得过于"实验性"。现在就试试吧！

当我说"迎合"的时候，我的意思是把明显不真实的想法放在表面上，然后增加一些夸张的细节，而不是试图证明这个想法是不真实的。也许结果是有趣的，也可能不是。但那样为你提供了一种不同的方式与"如果……怎么办？"的想法相关联，你不需要抵制、否认、停止思考。把这种"如果……怎么办？"的想法抽出来，而不是试图忽视或否认它。

写下你最常出现的两个"如果……怎么办？"的想法。

1. _____

2. _____

现在写出迎合自己想法的回应。就像我上面做的那样，同意这个想法，并加入一些你自己能想出来的夸张的细节。

1. _____

2. _____

应对方法 3：改变表达思想的方式，但思想内容不变

认知解离有许多不同的应用。我特别喜欢那些可以在游戏中应用的技术。这里有几个：

用不同的语言表达担忧

如果你对第二种语言有一点了解，也许是高中时学过一年的西班牙语，你就可以用西班牙语来表达担忧。一旦你觉察到"如果……怎么办？"的想法，就把它翻译成你知道的第二种语言，并重复几遍。

如果你完全没有受过其他语言训练，你可以说"儿童行话"（这不是一种真正的语言，而是由讲英语的人说的伪语言，受儿童喜爱，故意颠倒英语字母顺序拼凑而成的行话。如以辅音开头的单词，将辅音移到词尾，再加 ay，happy → appy-hay）。而如果你不知道如何说儿童行话，你可以用谷歌搜索一下。

现在就用你经常预期的一个想法来试试吧。将这个想法翻译并重复五次。

不会发生什么大事的，因为首先这只是一个"假装"或"如果……怎么办？"的想法。但我认为你会发现，你开始对这个想法有不同的反应。这就是我们想要做的——改变你与这个想法的关系，并允许自己的反应开始演化。

用假的外国口音来表达担忧

你可以用威尼斯的贡多拉驾驶员的说话方式来表达你的担忧，你还可以用德国铁路工程师的口音说出自己的担忧，或者用瑞典约德尔人的腔调讲述你的担忧，或者你可以用名人的口吻说出自己的担忧，说出你的"如果……怎么办？"的想法，就像玛吉·辛普森（《辛普森的一家》中的人物）、吉尔伯特戈特·弗里德（美国著名喜剧演员）、阿诺德·施瓦辛格（美国著名动作演员）那样，用各种口音，这听起来是不是太傻了？这些"如果……怎么办？"的想法的内容真的值得给予多大的尊重呢？

把你的忧虑写成一首歌或一首诗

虽然你想尊重自己，但没有必要尊重你的"如果……怎么办？"的担忧内容。这里有两种诗歌风格可供选择。

俳句是一种传统的日本诗歌形式，由三行无韵律的诗句组成。第一行有五个音节，第二行有七个音节，第三行有五个音节。如果你能在第三行构建了一个总结或讽刺的观察画面，那么很好，但不要太用力，因为俳句的语气通常是沉思而缓慢的。

下面是恐惧飞行患者工作坊里一个学员写的诗：

开始登机了

上面是飞行陷阱

在新闻中见

打油诗一般由五行组成：第一行、第二行和第五行押一个韵，第三行和第四行押一个韵。第三行和第四行比其他行短，打油诗的基调是欢快且快节奏的。

下面是最近写的一首诗：

我希望我能好好喘口气

否则，结果将是死亡

我会叹息，我会喘息

可能会感染某种疾病

我还不如去 ××××

对于歌曲，没有任何限制和要求。选择一首（简短的）流行曲子，并为自己写一些与你的恐慌和恐惧症有关的歌词。

应对方法 4：停止辩论

"停止辩论"是立法机构使用的一种议会程序，用于结束辩论并立即对某一问题进行表决，从而使该事项得以结束。假设你发现自己担心在未来的某一天开车过桥或者在拥挤的商场遇见朋友时自己可能会惊慌失措。这事还没有发生，你不想被担忧所困扰。你知道，对你来说，预想通常是事情最糟糕的部分。而你的经历表明，一旦事情真的发生，远没有你预想的那样糟糕，但你希望如果可能的话，还是担忧少一点好。

的确是这样。下面是具体的操作方法：

立即或尽快接触与你所预期的任务相当的事物。比如，如果你害怕走着过桥，那么就开车过桥。如果你不能完全重复自己所预想的事情，比如某次聚会或其他特殊事件，那么就尽可能做一些恐惧级别差不多相同的事情。

"为什么？"你可能会想，"我为什么要那样做？"

原因是，预期比现实更糟糕。你越早进入现实，你所要忍受的焦虑就越少。与其在未来四天里一直害怕开车过桥，不如今天就开车过桥，这样就能更快地完成任务，得到解脱。虽然这不会完全消除你的忧虑，但它可能会减轻你的忧虑，并让你有机会拥有不同的过桥经验。如果你愿意做更多的重复工作，比如，每天开车过桥，那么你会得到更多的缓解。

以上描述的四种应对方法将使你能够更容易地消除令人担忧的"如果……怎么办？"的想法，也将有助于减少你出现这种想法的频率。下面有一个方法可以让你做到这一点。

担忧之约

每个人都希望少些担忧，但当你告诉自己"别担忧了""别想了""你为什么要担忧"时，只是助长了自己的担忧，使其更加持久。这里有一个方法，可以用来逐渐减少你生活中的重复性担忧。

当我说担忧时，并不是指计划、解决问题，或任何一种能产生预期结果或计划的思考。我指的是"如果……怎么办？"的无益的、令人不快的重复思考，这些想法永远不会得出结论或产生一个有用的计划，这种担忧可能会困扰你几个小时，但只由一两句话组成，并且不断重复。

每天安排两次与担忧的约会，每次 10 分钟，选择两个属于自己的特定时间，但不要安排在起床时、睡前或饭后。在与担忧的约会期间，不要从事任何其他活动，比如开车、洗澡、吃饭、打扫卫生、听广播。将你全部的注意力和精力放在担忧上。

到了和担忧约会的时候，花整整 10 分钟的时间来担心你通常担心的那些事情，提前列一个清单，这样你就不会漏掉任何事情。在你与担忧约会的时候，沉浸在纯粹的担忧中，不要试图解决或减少问题，或采取任何积极措施安抚和放松自己，只是担心。对大多数人来说，这将意味着会反复背诵大量关于可能让你不快的"如果……怎么办？"的问题。

在全身镜子前大声地说出你的担忧。

听起来很奇特，对吗？这样做的意义在于可以尽可能有效地帮助我们对担忧脱敏。大多数的担忧发生在我们同时做几件事情时：我们一边担忧，一边做着一些不需要我们全神贯注的事情，比如开车、洗澡、做作业、看无聊的电视节目。我们从未真正全神贯注地关注过担忧，因为担忧隐藏在潜意识里，所以很容易无休止地持续下去。

当你大声说出这些担忧时，你听到了。而当你在镜子前与担忧约会时，你又看见了，那么担忧就不再隐藏在潜意识里了。大多数人发现，这种方法使他们能够在比平时少得多的时间内完成与担忧的约会。

在完成了和担忧的约会之后，在一天的其余时间里你会轻松很多。但如果你发现自己在与担忧约会之后还在担忧，那么可从下面两个选项中选择一个：

a) 现在花 10 分钟，非常慎重地与担忧约会。

b) 把现在的担忧推迟到你与担忧的下一次约会。

如果你推迟与担忧的约会，但下一次如计划般赴约，那么推迟是有力量的。如果你试图推迟担忧，知道下一次你不会真的赴约，那么推迟对你不起作用，所以不要试图自己骗自己。

与担忧约会是认知解离的另一种应用，你可以把它当作是自己的暴露计划的一个很好补充。如果你想尝试这种技术，那么你必须确定一些可以在与担忧约会时使用的担忧，一些最困扰你的，但又不是现实的担忧。

我的忧虑清单

_____

_____

我每天的忧虑之约安排在_____

和_____

18
创建暴露计划
· · ·

你所担心的情况清单将是你的暴露计划指南，而这份清单具体说明了你所有暴露练习的对象、情况和活动。请按照下面的步骤创建一个暴露计划：

第一步：复盘恐惧情形

回顾一下你所回避的场所、物件和活动的清单，即你在"04"章节中所确定的活动清单。我们假定你正在处理某种特定的恐惧症，比如害怕驾驶、害怕乘坐电梯、害怕在大型拥挤的商场购物、害怕旅行等。然而，如果你要解决的是一个更广泛的涉及多种恐惧症的问题，比如惊恐障碍、广场恐惧症，那么你就应该为每一种恐惧症单独列一份清单。在"26"章节，你将探讨如何为多重恐惧症制定暴露练习计划。

清单中必须包括每种恐惧症的所有相关特征——比如，道路的类型（针对驾驶）、听众的规模（针对公开演讲）、听众人数（针对公开演讲）。回顾下面的典型恐惧症变量清单，然后尽可能多地写下每种恐惧症所害怕的具体情形。

以下是驾驶恐惧症所包括的主要变量：

- 道路类型（从主要的高速公路到安静的小区道路）。

- 在什么车道上行驶。

- 有无施工和其他延误情况。

- 每天的时间（以反映不同的交通量和光线）。

- 离家的距离。

- 是否存在令人担忧的情况，比如在等红绿灯和限行左转。

- 驶过立交桥、桥梁或隧道。

- 不熟悉的道路。

- 天气状况。

- 独自或与乘客一起驾驶。

- 周围地形的差异：如城市道路与农村道路等。

关于坐在观众席上的问题，你的清单应该反映出以下变量：

- 观众的规模。

- 观众的构成（是陌生人还是朋友？是高层管理人员还是普通民众？）。

- 观众的类型（观影者、去教堂参加礼拜的人、参加家长会的人、出席公司
  董事会会议的人、观看马戏表演的人、观看混合武术比赛的人等）。

- 你坐的位置，距离门的远近，以及离场的方便程度。

- 会议或活动的时长。

- 你的参与程度，比如是在台下被动观影还是在台上发表影评？

- 去洗手间的方便程度。

关于在餐馆吃饭，要分析以下变量：

- 餐厅规模。

- 自助服务与餐桌服务。

- 聚会的人数。

- 宴会上有哪些人（与他们相处的舒适程度)？

- 用餐时间。

- 是否拥挤？

- 是否时尚？

- 桌子的位置（在房间中央或靠近后门）。

第二步：复盘第 4 部分中的相关章节

我在第 4 部分更详细地探讨了针对几种特定恐惧症的建议和解决办法。在完成对这些恐惧症的分级之前，请务必阅读适用于你的任何一章。

第三步：识别你所担心的会发生在自己身上的事情

你的恐惧可能有好几个层级，因此不仅要确定你所害怕的情况，还要确定你在面对这些情况时自己担心会发生什么。作为提醒，请复盘"02"章节中关于惊恐发作的本质的问题回答。

比如，你害怕去杂货店，害怕在那里惊慌失措。如果惊慌失措，那么你担心会发生什么？你觉得杂货店的哪些地方、哪些活动最容易触发惊恐发作？多年来，我就是这样多次帮助来访者澄清了他们担忧的结果。

在杂货店排队

来访者：我担心会花太长时间。如果在收银台排长队怎么办？

戴夫：如果排长队，你担心会发生什么？

来访者：我可能会变得非常紧张，来回踱步、脸色发红、坐立不安，思考如果人们在我后面排队怎么办？

戴夫：如果人们在你后面排队，你担心会发生什么？

来访者：我会被困住！我不能前进，也不能后退……这是我最糟糕的噩梦！我会惊慌失措！

戴夫：你真的会被困住吗？你不能离开队伍，不能要求人们让你出去？

来访者：不！我怎么解释呢？

戴夫：你需要提供解释吗？难道"请原谅我，我需要离开"不够吗？

来访者：多么令人尴尬！他们会怎么看待我？

戴夫：我想人们不会发现的，除非你问他们。人们可能关注的是他们自己，他们可能会很高兴你离开了，排队的人少了！

来访者：他们会认为我是个疯子！

戴夫：如果他们认为你是疯子，你担心会发生什么？

来访者：我担心自己会疯掉！如果我为了脱身开始大喊大叫、推搡、把人打倒在地怎么办？

戴夫：如果你那样做，你担心会发生什么？

来访者：我可能会被逮捕，被送进精神病院！

戴夫：你上次把人打倒在地时发生了什么？

来访者：嗯，我从来没有那样做过，不过，我已经很接近了！

戴夫：你在杂货店里或其他场所做过的最疯狂、最不受控制的事情是什么？

来访者：（长时间停顿）嗯，长大以后，我没有做过什么出格的事，但我在中学的时候曾对一个老师的车的轮胎做了手脚。

戴夫：你没有做过什么出格的事，那么在开始大喊大叫、推搡、把人打倒在地之前，你认为能在排队时等多久？

来访者：哦，我不知道我是否真的会把人打倒在地，不过如果排队的人很多，我肯定会在10分钟之内离开那里！我看起来就像个疯子！

这位来访者为暴露练习确定了更多的细节：她害怕自己被困在长长的队伍中，因此，她需要在长长的队伍中进行练习。然而，由于她长期以来一直回避去杂货店，她可能会感到非常焦虑，以至于她想从人少的地方开始练习。

从你需要的层级清单中的第一小步开始，需要多慢就多慢，速度并不重要，重要的是你在练习自己所害怕的活动和情况，以便让生活回归正常。

上述来访者确认10分钟是其情绪爆发的阈值，因此对她来说，重要的是在队伍中站的时间要超过 10 分钟，那样她就能看到 10 分钟后实际发生的情况。

同时，在她按照层级清单进行暴露练习的进程中，在某些时候她会选择即使在人不多的情况下也会选择排长队，因为她需要有排长队的经验，这有点反人性，对吗？

红灯，绿灯

下面是一个暴露实践的例子。纳丁（化名）害怕红灯，她开车时会尽可能地避开红灯。当她看到面前的交通信号灯即将变红时，她会把车开到停车道上，在那里空转，等到信号灯即将变绿时，她又将车开到行车道。她那样开车已经好几年了，从未在红灯前停车，你可能认为她暴露的主要任务是把车停下来等红灯。

但是，为了创建暴露任务，你必须知道她担心什么，她担心在红灯前停下来会发生什么。

纳丁担心当交通信号灯变绿时无法将车子迅速提速，她担心不能立即提速后车司机会按喇叭，而她又害怕被按喇叭，她认为自己听到后车司机按喇叭会惊慌失措，做一些可怕的事情：也许她会踩下油门，撞上某人；也许绿灯亮的时候，她的车发动不了，后面会有更多的司机按喇叭，那样她会失去理智；也许她想，她会弃车跑掉，把她的孩子们留在后座上；也许她会在漫无目的的奔跑时被另一辆车撞倒，她的孩子们就成了孤儿。

仅仅练习在红灯前停车对纳丁来说是不够的，因为她真正害怕的是她认为自己不能容忍别人按喇叭。如果她在红灯变绿后立即开车离开，她会觉得很幸运，因为她避开了喇叭声，但她还是害怕。她需要练习车子在行驶过程中被后车按喇叭，她必须了解自己对按喇叭的实际反应以及别人按喇叭这件事对她究竟有什么影响。

为此，我们做了一次试验。纳丁像以前那样观察她面前的交通信号灯，但这次的目的不同。当她看到可能在她到达的当下交通灯变绿时，她就把车开到停车道上等待，在红灯即将亮起时又重新汇入交通，这样她能够在红灯前停车等待。当交通信号灯变绿时，如果后面有一辆车在等待，她可以继续停着不走，用秒表计算她身后的司机多长时间会按喇叭。一旦听到喇叭声，她就会向那位司机挥手致歉，然后把开车走。通过这种方式，她学到了一些新的东西，即被按喇叭对她产生的实际影响——即使后面有一辆车在等她，她也可以暂时停着不走。

这里需要明确担心什么会导致惊恐发作，以及担心惊恐发作会导致什么结果。因此，暴露计划一定要能让你更多地了解到当你实际经历自己所担心的情况时会发生什么。比如，如果你害怕驾驶，害怕马路上车子太多，那么请在交通拥堵的时段包括高峰期的时候开车，以便面对更多关于高峰期的交通状况以及应对策略。你害怕交通堵塞吗？那么重要的是在交通拥堵的路段进行练习，使用 GPS 找到交通拥堵的路段，而不是为了避免交通堵塞。这很反常，对吗？如果你的安全行为之一是在开车时给朋友打电话分散注意力，那么请开车时不要带手机。

第四步：消除安全行为

复盘"04"章节最后创建的安全行为清单，包括所使用的回避策略、支持物、保护性规则和仪式、分散注意力以及各种对抗恐惧的方法，并把对支持者的依赖添加到此清单中。

最好在不依赖任何安全行为的情况下进行暴露练习，因为不是每个人在一开始就准备好那样做。所以如果你觉得很有必要在最初的暴露练习中加入一些安全行为，那就行动起来！但要知道，继续依赖这些行为会抑制和阻碍暴露练习的推进。因此，尽量少使用这些方法，只要你愿意，就可以将它们完全舍弃。

第五步：与处方医生商讨解决用药问题

现在有一点非常清楚：用常识来克服恐慌毫无效果，凭直觉去做的事几乎总是让你试图保护自己，反而使情况变得更糟，而不是更好。暴露练习意味着颠覆常识，支持"对立面法则"，寻找新的方法来做事。

药物治疗也是如此：如果每天都在使用抗抑郁药治疗焦虑症，疗效如此之好，以至于它阻断了所有的恐慌症状，那么就不会有任何症状可以让自己暴露其中。如果使用暴露疗法，可能需要在处方医生的监督下逐渐减少药物的使用量，直到再次感觉到中等程度的恐慌。

此外，如果药物有帮助，但不能防止惊恐发作，可能不需要做任何变动，逐渐进行暴露练习，然后考虑慢慢地完全脱离药物治疗。

如果正在使用药物，也请在确有"需要"的情况下服用，至少在暴露练习日可以尝试避免使用这些药物，否则这些药物会妨碍暴露练习的进行。

请在做出变动之前和处方医生商量，并遵医嘱。

第六步：创建一个暴露任务的分层列表

现在可以创建一个所担心的情况的清单来进行暴露练习，为计划练习的每个恐惧领域创建一个清单——害怕开车、害怕在大型拥挤的商场购物、害怕独自旅行等。

大多数人希望从较低层级的焦虑开始，那很好！但请将级别较高的焦虑情况列入清单中，特别是那些你认为会产生最害怕的结果的情况。

按焦虑水平由低到高的顺序列出每个恐惧症领域的各种情况，你会被暴露在那些情境中，有可能会感到恐惧，也有可能会惊恐发作。

每个恐惧症领域的情况清单中应包括以下因素：

- 安全行为的使用（如果有的话），以及排除安全行为的练习任务。
- 影响恐惧程度的特殊细节（时间、距离、天气、道路类型等）。
- 导致最恐惧的结果的条件。

过去通常的做法是将暴露任务按恐惧程度打分，通常是从 1 到 100。我认为没有必要使用等级量表，只需按照恐惧水平由低到高的顺序将各个层级列出即可。

驾驶恐惧等级范例

下面是驾驶恐惧等级的一部分，第一项是恐惧水平最低的，最后一项是恐惧水平最高的，其中有些步骤车子的行驶路线范围很小，你可能不需要从这么小的地理范围开始，但从小的地理范围开始，然后逐步行驶到更远的地方通常是个非常不错的主意。如果车子行驶到某一个地点，你的焦虑水平很低或没有焦虑，那么你就可以马上继续往更远的地方行驶，所以不用担心开始的时候你的行驶路途不够远。

下面列表中的车子行驶的路线范围是不断扩大的。

- 绕着威尔逊路街区行驶一圈。
- 绕着威尔逊路街区行驶三圈。
- 沿着威尔逊路向东行驶三个街区并返回。
- 沿着威尔逊路向东行驶六个街区，然后上午的时候返回。
- 沿着威尔逊路向东行驶六个街区，然后上午的时候返回，没有电话。
- 沿着威尔逊路向东行驶六个街区，然后在高峰时段返回。
- 沿着威尔逊路向东行驶六个街区，然后在高峰时段返回，没有电话。
- 沿着威尔逊路向东行驶至湖滨，上午返回。
- 沿着威尔逊路向东行驶到湖滨，然后在上午返回，没有电话。

- 沿着威尔逊路向东行驶至湖滨，然后在高峰时段返回。
- 沿着威尔逊路向东行驶到湖滨，然后在高峰时段返回，没有电话。
- 沿着威尔逊路向西行驶，经过西区后返回。
- 沿着威尔逊路向西行驶，经过西区，然后在高峰时段返回。
- 沿着威尔逊路向西行驶，经过西区，然后返回，没有电话。
- 沿着威尔逊向西行驶至西区，在西区右转，行驶六个街区，然后在高峰时段返回，没有电话。

第七步：安排暴露练习时间

下面有四个指导原则可用于计划暴露练习，如果遵循这四个原则，你的努力会获得最佳的效果：

1. 提前一周安排暴露练习，每周 4~5 次，并在计划表中记录时间。

2. 不管是感到信心满满的日子里还是感到害怕的日子里，都要坚持按计划表进行暴露练习。

3. 将暴露练习作为一项独立的活动来安排，与一天中的其他活动分开。比如，如果你的暴露任务是开车，就不要把购物或你必须外出去做的任何其他事情纳入进来。暴露应该是一个单独的任务，除了练习，你没有任何其他任务。

4. 应该安排多少时间？通常建议以一个小时为标准。然而，如果你的恐惧有更具体的细节——比如，相信你不能容忍被堵车超过 10 分钟而不失去控制——那么一定要指定一个比 10 分钟更长的时间，那样你就可以练习一下超过这个"极限"的感觉。

每天练习一小时似乎时间有点长，主要是因为练习的是你害怕的东西，但如果讨论的是你最喜欢的电视节目、爱好或运动，一个小时似乎并不是那么长。

建议提前安排暴露练习是为了避免你每天醒来都要决定是否进行暴露练习，那样可能会让你觉得自己在应付，可能在那些觉得不怎么舒服的日子就不去做暴露练习了。

如果你只在觉得自己能承受的日子里做暴露练习，那么你就没法将恐慌抛诸脑后，你只是与之达成了妥协，而恐慌将继续悬在你的头上，挥之不去。

如果你醒来时感到焦虑并确信自己会惊恐发作怎么办？你应该取消当天的暴露练习吗？不应该！记住暴露的意义是什么，暴露是为了练习和体验恐慌，而不是看你能不能在不恐慌的情况下进行暴露练习。当你预测自己真的会惊慌失措时，那么就更有理由做暴露练习了。

当然你可以在某些时候注入随机元素，以取代提前做好的安排。比如某天早上醒来抛硬币来决定当天是否要做暴露练习，这样能让自己每隔一天就做一次暴露练习。

人们往往不喜欢把暴露练习作为一种单独且专门的活动去进行，但要知道执行暴露计划的时候，只专注于暴露练习是非常重要的，不要在做暴露练习的同时做其他事情。比如，你在百货公司里一边做暴露练习一边买自己需要的各种物品。你会因为需要买到这些物品而让自己"渡过难关"，但是"渡过难关"与暴露练习有很大的不同——暴露练习不是往购物车里扔几件物品，然后在你惊慌失措之前离开，而是和恐惧待在一起，并在恐惧中进行练习。

驾驶也是如此。你安排驾驶暴露练习，必须将暴露之旅与因其他目的而进行的旅行分开。如果你把对阿姨的探访之行当作一次暴露练习，那么可能就不会像在一次纯粹的暴露驾驶之旅中那样惊慌失措。所以计划暴露练习，让恐惧来去自由。

人们常常为在商店里走来走去而不买东西，或反复乘坐电梯上下而感到尴尬。他们认为自己引人注目，想象着商店的保安会对他们进行检查，并担心如果商店的店员提供服务该怎么办。在极少数情况下，如果真的有人注意到他们，只需回答："不，谢谢，我只是看看。"

如果乘坐电梯上下楼，当你到达一楼时，有人在等着上电梯，他们可能会等你先出去。在那种情况下，只需说："我不下电梯，我要上楼。"然后让他们进电梯，你继续坐电梯。那样的说辞并没有真正告诉他们你为什么要坐电梯不停地上去又下来，人们一般不会盘问你在做什么——他们只是出于礼貌让你先下电梯。

在过去 30 年里，我花了很多时间与来访者一起乘坐电梯，我总是期望有人在某个时候会问我，为什么你只是上上下下的乘坐电梯，可是从来没有人问过！如果他们问了，我就会说："我在练习乘电梯的恐惧。"我想不过如此。我意识到，这其中的一些原因与我是一个特定年龄段的白人男性有关。在某些情况下，有色人种和其他少数民族背景的人可能得不到同样的礼遇和特权。如果你是这种情况，做你需要做的，但我希望你能找到时间和机会，在不考虑他人意见的情况下做暴露练习。

奖励：随机化暴露练习

你可以在暴露练习中注入一些随机元素，那是我在"14"章节中描述的抑制性学习模型中产生的一个想法。按传统的循序渐进且一步一个脚印的去做暴露练习固然好，但它并不能准确地反映现实生活。有时更难的东西会在更容易的东西之前向你袭来，生活的特点是不确定性，而传统渐进式暴露的一个不足就是它提供了更多的可预测性。

有时人们喜欢从他们的分级列表中的恐惧程度最低的那一步开始，经过几次暴露练习之后，他们可能会觉得更愿意把顺序随机化。非常好！你可以按随机顺序进行练习。

为了在暴露练习中注入随机元素，你需要一种方法来生成随机数字。如果清单上有 25 个项目，你希望能够从 1~25 中随机挑选一个数字。最简单的做法就是在网上找到一个随机数生成器。或者可以把 1~25 这些数字写在纸条上，把它们放在一个帽子里或碗里，然后从中选择。或者让你的伙伴"从 1~25 这些数字中挑选一个数字"。不管使用哪种方法，生成一个随机数字，在当天的暴露练习中加入相应的任务，然后决定需要多长时间随机练习一次，也许是每三次暴露练习就随机练习一次。

第八步：在暴露清单中取得进展

按恐惧程度的次第顺序或随机完成清单中的一个练习步骤，即使必须在每次练习中重复某些内容好几次，也要在暴露练习允许的时间内尽可能多地重复每个步骤。当你对某一步骤感到非常熟悉甚至厌烦时，再进行下一个步骤的练习，不要着急。如果你连续两天在某一步骤上很少或没有惊慌失措，那么可能是时候进入下一个练习步骤了。或者，如果你在某一步骤的练习中有特别有趣的发现，那么仅这一点就足以让你进行下一个步骤的练习，即使恐惧仍然伴随着你。记住，最重要的目标是改变自己与恐惧相关联的方式，而不是完全消除恐惧。

评估暴露练习进展

克服惊恐发作和恐惧症是非常棘手的事情。大多数时候，人们根据自己的感觉来评估一个自我改善项目的进展：如果他们在饮食或睡眠方面舒适度较高，那么他们就认为此项目进展顺利。如果感觉不那么舒适，那么他们就会认为那是效果并不理想的征兆。

上面的评估进展的方法不适用于评估惊恐发作和恐惧症进展情况，如果你按照那种方式去评估，那么将会诱导你保持旧有的恐惧模式。当你使用暴露法治疗惊恐发作和恐惧症时，你有目的地进入引起焦虑的情境和活动，以便使自己变得焦虑、出现恐慌症状，甚至惊恐发作，并以与过去不同的方式做出反应，从而使自己脱敏。开始时，你可能会有更多的焦虑，比以自我保护的方式做出反应时更焦虑，但当你用舒适度作为判断自己在克服恐惧症方面进展的标准时，它总是告诉你同一件事："回家吧，你会感觉更好的！"这是一个非常糟糕的建议。

下面的两种方法以实际操作为标准来评估渐进式暴露练习方面的进展情况，可能会更适用：

1. "我去做暴露练习了吗？我是否定期参加恐惧层级清单中所列出的活动？我是否定期让自己处于恐惧层级清单中所列出的情境中？"

2. "我是否在做暴露练习时使用了五步流程？"（详见"15"章节）

如果你正在执行以上所描述的两个关键步骤，那么你就可以确信自己正在做克服惊恐发作和恐惧症所需的事情。你可以将任何形式的评估推迟到正常练习的第一个月结束时进行。

暴露练习何时完结

通常很难判定什么时候暴露练习已经完成，什么时候可以停止暴露计划，什么时候不用看《恐慌日记》和笔记，宣布胜利。

当你可以做层级清单列表中列出的所有事情，而没有发生严重的恐惧时，你就完成了暴露练习。当你不再因惊恐发作而回避的时候，你就完成了暴露练习，但是人们经常很难确信自己已经完成了暴露练习。

所以这里有一个指导原则：既然不能确定哪种评估方式更适合，那么就"矫枉过正"——持续不断地做暴露练习。惊恐障碍可能是一件令人非常痛苦的事情，它会像恶魔一样一点一点地将你吞噬，因此需要多做暴露练习，等到你的内心真的没有什么恐惧需要克服的时候，那就是暴露练习完结之时。

准备好了继续进行暴露练习了吗？尽管你现在可能感到害怕，但想象一下：当重获自由之时，你会感到多么自豪和兴奋！

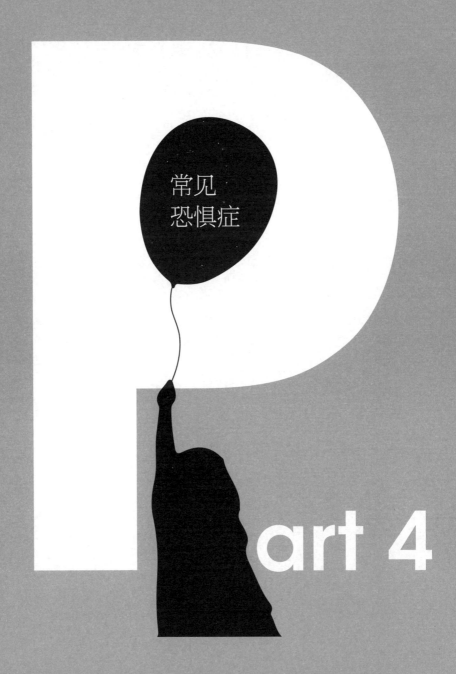

常见
恐惧症

Part 4

19

飞行恐惧症

. . .

大多数不害怕飞行的人认为，飞行恐惧症患者害怕的是坠机，但大多数因飞行恐惧症寻求帮助的人并不担心坠机，他们担心在飞机上惊恐发作。他们把飞机想象成飞行陷阱，舱门关闭的那一刻，他们就会惊恐发作，然后失去对自己的控制。他们设想自己会发疯，甚至会被吓死，并且表现得如此失控，以至于机组人员和乘客不得不制服他们，把他们送到下一个机场的救护车上或警车上，正好可以上晚间新闻。

根据 1982 年波音公司题为"飞行恐惧症对美国航空旅行业的影响"报告，大约 1/4 的飞行恐惧症患者确实担心飞机会坠毁。对他们而言，飞行看起来本质上是不安全的且不值得信任的，但是他们熟悉的安全统计数据显示商业飞行是最安全的出行方式之一，而且许多日常活动的致死、受伤风险比搭乘飞机要高得多。然而，这些数据并不能帮助飞行恐惧症患者克服飞行恐惧，反而增加了他们的挫败感，因为他们明明知道自己的担心"不合乎逻辑"，但是仍然担心害怕。他们害怕的往往不是死亡，而是想象在死亡前的那一刻所经历的恐惧。

大多数人专注于信号性恐惧和条件性恐惧中的一种，尽管有些人两种恐惧都有，但无论是一种还是两种恐惧都是可以克服的。飞行恐惧症患者想恢复自己乘机出行的能力，并为此寻求帮助，这就等于向我们透露了一些关于飞行恐惧的重要信息。比如，没有人因为害怕跳进动物园的狮子笼里而寻求帮助，因为跳进狮子笼里本身就对生命构成了威胁，害怕跳进狮子笼的恐惧是为了保证自身的生命安全。事实上，你想克服飞行恐惧是因为你知道乘飞机符合自身的利益。

克服飞行恐惧很难，因为人们大脑中有必须与之斗争才能不那么害怕的想法。而这种看似常识性的方法因其正中了恐慌的圈套而没有什么效果，所以对治疗飞行恐惧症应运用"对立面法则"。

飞行恐惧是危险还是不适呢？

人们在 30000 多英尺高空，有时会认为自己一定是出于危险才产生恐惧。他们有时会说："你不要告诉我飞行是完全安全的，因为坠机事件发生过。"那是真的，飞行不是绝对安全的，这世上没有绝对安全的交通工具。

飞行是否完全安全并不是问题，许许多多的日常活动比飞行更危险。如果你只是害怕死亡，那么所有日常活动都无须进行了——比如，开车、走过拥挤的街道，甚至服用处方药——从统计学的角度来看这些活动比飞行要危险得多。

绝大多数由于飞行恐惧症寻求帮助的人，在产生飞行恐惧之前都曾多次飞行过。他们已经有足够的飞行经验来确定自己害怕什么。如果你还没有搭乘过飞机，那么可能是在与对未知事物的恐惧做斗争，而不是对飞行本身的恐惧。因此，很难将自己归入以下四类中的一个。如果是以上的情况，请阅读针对以下四类的建议，所有的建议都去尝试一下。

我们从问问题开始，你对飞行的恐惧是一种信号性恐惧还是一种条件性恐惧？

- 信号性恐惧是指能准确区分安全情况和不安全情况的恐惧。
- 条件性恐惧根本不分青红皂白，无论危险是否存在都会发出警报。

信号性恐惧给了你一个有用的警告，告诉你如何能让自己更安全。条件性恐惧只是传达害怕的信号，并没有提供任何有用的信息，让自己更安全地生活。如果当你走过一个有围栏的院子时，一只小雪纳瑞犬在院子里朝你喊叫，你感到害怕，那么这是条件性恐惧。如果一只在街上游荡的大比特犬靠近你并发出威胁性的狂吠，你感到害怕，那么这是信号性恐惧。

回顾你的飞行恐惧经历，如果恐惧的是坠机，那么你的恐惧是否区分出了哪架是会坠毁的飞机、哪架是会安全抵达的飞机？还是说你每次都会有同样的恐惧，每次都是如此？

———————————————————————————

———————————————————————————

如果你害怕自己在飞机上会失去对自己的控制，那么你的恐惧是惊恐发作达到峰值后慢慢消退了，还是惊恐发作导致你产生了某些行为（不是担心自己会有那样的行为，而是实际上真的如此），以至于你因无法控制自己而进了监狱或医院？

———————————————————————————

———————————————————————————

根据上述两个问题的回答，你对飞行的恐惧究竟是信号性恐惧还是条件性恐惧？

———————————————————————————

———————————————————————————

你的恐惧是哪种类型？

根据对上述问题的回答，飞行恐惧症患者可分为以下四个不同的类别。

第一类：如果你害怕坠机，并相信自己的恐惧真的可以区分飞机会坠毁和不会坠毁，那么你属于第一类。你没有理由去克服这种恐惧，而且很可能也不想去克服。为什么会有人想要克服那种可以区分哪些飞机危险，哪些飞机不危险的恐惧呢？

第二类：如果你因为害怕惊恐发作，在乘坐的飞机上有过破坏性行为，被机组人员处理过，那么你属于第二类。在再次飞行之前，请向心理学家或其他心理健康专家寻求咨询，仔细回顾你的恐惧飞行经历，让他们帮助你找到导致你陷入麻烦行为的方法。第二类是指那些因自己行为失控而陷入麻烦的人，如果你只是害怕乘坐飞机，或表现出恐惧并感到尴尬，那么你可能不属于这一类。

第三类。如果你害怕坠机，而且每次一想到要乘坐飞机就有同样的恐惧，而且你不会去区分自己的恐惧，你的脑海里总是浮现同样的话："我乘坐的飞机是不安全的！"——这是条件反射式的恐惧，你属于第三类飞行恐惧症患者。

第四类。如果你不属于前述的任何一种类型，那么你就属于最大的群体——那些对惊恐发作有传统恐惧的患者。每次乘坐飞机，甚至一想到要乘坐飞机你就担心自己会在飞机上惊慌失措、失去对自己的控制或以某种不可控的方式表现出来。过去乘坐飞机时从来没有害怕过，但现在每次乘坐飞机都害怕，你属于第四类飞行恐惧症患者。

第一类飞行恐惧症和第二类飞行恐惧症患者在进行飞行暴露练习之前还有一段路要走。

如果你是第三类飞行恐惧症或第四类飞行恐惧症患者，可以通过使用本书第三部分和本章节所述的暴露疗法来克服自己的条件性恐惧，传统的"恐惧的恐惧"可以通过针对恐惧的练习和实验来克服。

熟悉飞行知识

第三类飞行恐惧症患者与第四类飞行恐惧症患者可能也需要了解更多关于飞行的知识，因为担心飞行不安全、不可靠的人，往往会因学习更多有关飞行的知识而受益。比如，人们普遍害怕湍流，认为遭遇湍流对飞机是一种威胁。

我曾与许多飞行员交谈过，他们无一例外地告诉我湍流只是会引起身体不适，但没那么危险。他们解释说，试图避开不稳定的强气流的唯一原因是乘客不喜欢，而不是因为这种气流有危险。如果是货运飞行，他们就会听之任之。对于乘客来说，唯一的危险是无视"系好安全带"的标志。

许多飞行恐惧症患者担心鸟儿会撞上飞机的窗户、担心燃料耗尽、担心机械师当天心情不好。可是有许多具体的恐惧可以用事实来抚慰，所以和飞行员聊一聊可能会有帮助。这样做会强化一个事实：驾驶舱里有一个真正的活生生的受过良好飞行训练的人，和你一样，他不会拿自己的生命去冒险。与飞行员交谈，你很快会发现整个飞行过程计划周密。人们常常以为他们的问题或担忧没有人想过，一旦他们向飞行员报告对安全的担忧，飞行员的脸上就会掠过担忧的神情，立即掏出电话打给联邦航空管理局，但这是不可能发生的！

在机场、航空航天博物馆、从附近机场起飞的航班上都可以找到飞行员，并与其交谈飞行。如果你的工作中恰好有一个员工援助项目，请核实该航班上是否有相对应的项目。当你有机会和飞行员交谈时，要充分利用这个机会，不要隐瞒，并尝试在不暴露自己飞行恐惧的情况下获得答案，告诉飞行员害怕飞行是你想从飞行员的角度了解飞行的原因。

我还为那些希望得到更多帮助的人撰写了《飞行恐惧症自救手册》。

暴露和脱敏

第三类飞行恐惧症患者和第四类飞行恐惧症患者的恐惧是一种条件反射性的恐惧，他们相应的主要任务是通过在恐惧中练习，使自己摆脱条件反射。

我为飞行恐惧症患者开设的课程中有四次课是帮助人们学习和实践如何解决对飞机上可能发生的事情的恐惧，以及地面上的预期性恐惧。然后，我们一起进行商业飞行，以便能够实践他们在课程中所学到的东西。他们故意将自己暴露在预期的恐惧中，这给了他们机会发现自己在飞机上惊恐发作时实际发生的情况，与自己预期的恐惧进行比较。

在我授课的班级里，有一位商人告诉我："卡博内尔博士，我去年的飞行里程超过 10 万英里，可能比您的飞行里程还要多，可是我在最后一英里的飞行里程中比在第一英里的飞行里程中还要害怕，更多的飞行里程对飞行恐惧会有什么帮助呢？"

这位商人去年的飞行里程是通过很多安全行为完成的：他在飞行前和飞行中用酒精进行自我治疗、他通常闭着眼睛用力抓握扶手、他相信有"好座位和坏座位""好的航空公司和差的航空公司"、他总是穿着"幸运衬衫"，但这样的飞行里程再多也不会对他有任何帮助。他需要接触真实飞行的环境（而不是用回避策略），在那里他可以让自己惊慌失措，接纳自己的恐惧，然后使用适当的方法来应对，并找出惊恐发作对自己的实际影响，这是他必须持续去做的，读者朋友也一样。

不一样的飞行

害怕飞行的人通常想出各种试图让自己不害怕的方法。他们抵制乘客的角色，试图控制一些事情。第三类飞行恐惧症患者因为害怕坠机，会试图努力监控飞机飞行的关键环节，希望这样能使飞行更安全。他们也可能在飞行前把自己的商业事务安排妥当，审查了自己的遗嘱、保险单等。他们可能试图根据对幸运航班号、日期等的迷信想法来选择航班。他们可能会研究在登机口等待的其他乘客，以为自己可以识别任何潜在的恐怖分子。

甚至他们的担心也是为了控制，仿佛只要想得够多就能以某种形式影响结果。人们往往对自己的担心抱有迷信的想法，导致他们更加担心。他们认为如果自己担心不好的事情会发生，那么可能不好的事情就不那么容易发生（"如果我预料到最坏的情况，最坏的情况就不会发生！"）。

上述想法或行为并不会影响飞机的飞行，但会使人们更加紧张。恐惧的飞行者会绷紧身体且浅浅地呼吸，并拼命地试图转移对恐惧的关注，但这样做反而会使自己的焦虑更加严重。

练习飞行时应避免采取通常使用的控制策略，让自己与恐惧的体验待在一起。当注意到自己正在使用那些策略时就打断自己，并把飞行作为一次感受焦虑和接受焦虑的机会。

尽管你已经读过关于暴露的工作原理，但当你要登上飞机进行恐惧飞行练习时，可能仍然会发现自己在问自己："我为什么要故意让自己感到害怕和恐慌？"答案当然是："因为越是对抗、抵制和隐藏恐惧，恐惧就越发持久。越是允许自己害怕，并以接受的方式与恐惧打交道，就越容易失去对恐惧的恐惧，而惊恐本身也会逐渐消失。"如果那个唠叨的小声音一直在问："是什么在让自己害怕？让自己恐慌？"请记住，答案是恐慌是不适，而不是危险。

应对幽闭恐惧症

第四类飞行恐惧症患者主要害怕在飞机上惊恐发作，他们面对的是我们在本书中讨论的典型的"恐惧的恐惧"。

如果除了飞行之外，你在其他情况下也有惊恐发作，而你还没有解决这些恐惧，那么我建议你先从其他非飞行情况中的一种恐惧开始解决。应对其他情境所引起的恐慌也适用于应对飞行恐惧。

当使用暴露法治疗任何特定的恐惧症时，总有一些特殊情况需要考虑。我们思考一下：在商业飞机上惊恐发作该如何处理？

首先要记住，暴露、脱敏和所有的认知行为疗法都是基于练习来减少恐惧的中心理念。人们在处理飞行恐惧时，首先倾向于在地面上学习如何飞行而不感到害怕，然后希望自己在空中能在舒适和安宁中飞行。

飞行恐惧症的运作机制不是那样的，那种想法会使你的康复变得很难，甚至不可能康复。在现实中，你要学会一些接受恐惧和与恐惧待在一起的方法。乘短途航班去某个地方，让自己感到恐惧，并练习使用你所学到的方法。这种练习会让你知道恐惧能对你做什么和不能对你做什么，而这通常会与你乘坐飞机前的预期恐惧形成鲜明的对比。

练习飞行

关于练习飞行，要记住以下两件重要的事情。

1. **不是测试**。此次飞行的目的是为了做一些练习。人们往往一开始就有这样的观念：认为这只不过是"测试"自己是否能够乘坐飞机而不感到害怕，恰恰相反，这是实实在在的练习，不是测试。

在这种练习中，没有所谓的合格或不合格的成绩。当孩子们在学校进行消防演习的时候，并没有及格或不及格的说法。对他们来说，消防练习就是例行公事，所以演习起来会更加自然。同样，你的恐惧飞行练习也是一次练习的机会。

2. **带着恐惧进行练习**。重要的是，在进行这次飞行时要牢记自己在练习什么。你不是在"练习如何驾驶飞机"，你只是乘客搭乘飞机，机组人员已经知道如何驾驶飞机了。

你不应该在飞行恐惧练习中无所畏惧，而应该感到害怕。你应该以新的方式处理自己的恐惧，这样恐惧就会随着时间的推移而减弱，你在飞机上就会更加平静。

安排飞行恐惧练习

如果你觉得自己已经准备好了，那么就专门为此安排一次飞行恐惧练习。不要在定期的商务旅行或家庭度假时进行飞行恐惧练习，因为这些旅行都会有其自身的目的，那样会让你觉得"冒险"让自己害怕或尝试这些新奇的想法可能不是一个好主意。最好是专门安排一次旅行，专门练习飞行。

第一次练习飞行可以选择一个小时的短途飞行，乘坐商业航空公司的航班飞到附近的城市，吃点东西，再飞回家。有时人们希望在小型私人飞机上开始暴露练习。然而，如果你想以后能够乘坐商业飞机，那么建议从搭乘商业飞机开始练习，因为小型私人飞机上飞行的情况和大型商业客机的飞行情况有很大差异，可能不能提供你所需要的那种练习。

什么带在身边、什么留在家里

练习飞行的主要目标是与你的恐惧待在一起，而不是与之对抗。因此，不要把自己的注意力从恐惧中分散开去，认为只要自己不去想就会好起来，那就限制了自我的恢复。

1. 把预计在飞机上会遇到的症状列出来。将你的症状按我们在"06"章节中讨论的四种类型（即身体感受、思维、情绪、行为）罗列出来，记录在如表 19-1 的症状清单中，在表格中的左侧按类型列出症状，表格一式两份——一份用于去程航班，一份用于返程航班。每当你在飞机上出现某种症状时，请在方框内打勾。记录症状有助于培养一种接受的态度，而不是只希望自己不出现这些症状。当你注意到具体的症状时就可以决定要如何应对那些症状，从而更少地陷入分散自己注意力或防止症状的斗争中。

表 19-1　症状清单

去程航班	返程航班
身体感受	身体感受

（续）

去程航班	返程航班
思维	思维
情绪	情绪
行为	行为

2. **创建一个坐标系跟踪自己的焦虑。**坐标系的纵轴表示恐惧的程度，从 0 到 100，以十为单位，横轴的刻度是时间。在登机前 10 分钟或 20 分钟开始给自己的焦虑程度打分，在整个飞行过程中每隔 10 分钟打一次分。回程时也要这样做。这个练习的重点是帮助自己培养一种接受与观察的态度，因为害怕是没关系的，这就是你为什么乘坐此次航班的原因。

3. **选择几个你认为在本书（或你正在使用的其他资料）中特别有用的关键短语和观点。**比如"是不适还是危险？""呼吸！"。把这些短语或观点记录在一张 5x7 英寸的卡片上，或录入自己的手机上。在那些你非常害怕，以至于注意力和记忆力都不尽如人意的时刻，这份清单可以作为一些关键想法的提醒。

4. **带上其他有用的物品。**带上几份《恐慌日记》，以及一份 AWARE 五步流程（详见"15"章节）。如果你认为自己可能会哭泣，请带上纸巾。

5. **把支持物留在家里。**建议把你常用的如"04"章节所述的支持物列一个清单，并计划将它们全部留在家里——这就是我们在练习飞行恐惧时的做法。

把小说、谜题、音乐和其他分散注意力的东西留在家里。你采用的分心方法越多，你的暴露和脱敏就越少。但你要做自己必须要做的事情。如果你不愿意在没有特定物品的情况下进行首次飞行，那么就把它带在身边，并尽量少用。如果你确实认为这次你必须带着它，也许你可以下次把它留在家里。

使用抗焦虑药物的人经常会问，他们是否应该携带药片。建议参加我的恐惧飞行工作坊的来访者把这些药物留在家里，我认为这对大多数人来说也是最好的建议。如果你觉得自己受到药物的保护，那将你对飞行恐惧练习的量就会减少。

避免在飞行前或飞行中饮用酒精饮料，因为酒精饮料不利于练习飞行恐惧。同样，支持性动物也不利于练习飞行恐惧。

6. **支持者呢？**如果你愿意，也把支持者留在家里。记住，这是一次旨在练习恐惧的飞行。如果你觉得第一次一定要有人陪伴，那么请告知他们此行的计划，并指导他们支持你进行恐惧练习，而不是试图保护或让你平静下来。

7. **不要忘了带上机票。**记得带上这本书。如果你有一段时间没有乘坐飞机了，请查看航空公司的网站，确保自己知道登机所需的物品、安检程序、到达机场的时间等。

前一个星期（和前一天晚上）

如果这是一段时间以来你的第一次飞行，你会感到害怕，那么也没关系。当你发现自己在问自己"我这样做是为了什么"时，请准备好答案——你这样做是为了练习飞行恐惧，克服飞行恐惧。

遵循"17"章节中关于预期焦虑的建议，特别是在飞行前的一两周内使用担忧约会策略。

我前面曾提到过人们在飞行前为控制焦虑所做的一些事情，比如监测天气频道，准备遗嘱等。请尽可能全面地列出你试图控制局势的方法，然后放下，完全接受自己的乘客角色。

你有哪些典型的安全行为？

_____

_____

你很可能在飞行前一晚睡得不好，这并不罕见，也不是什么问题。对飞行员来说睡个好觉很重要，但如果乘客没有睡好，那就没关系。你会在飞行前一天晚上、飞行的当天早晨、去机场的路上感到害怕，你不需要做什么，你会有这种感觉是完全可以预见的，所以就顺其自然吧。

定制一个前往机场的计划：是自己去还是和同伴一起去？你自己开车去机场？让朋友或家人开车送你？乘坐出租车、公共汽车或机场班车？选择一个最适合自己搭乘飞机的计划，而不是给自己制造障碍，不要在计划中找借口。

在登机口等待登机将是另一个焦虑的来源。为了尽量减少这种情况，建议尽快登机。有些人喜欢等到最后一刻才登机，以减少在静止的飞机上等待起飞的时间，但这实际上会增加自身的紧张感。不要在登机口一边等一边持续复盘自己的飞行决定，想知道是否应该离开机场。你其实没有新的理由做决定，所以这种想法实际上只是徒增担心，而不是解决问题。应对这种担忧的最好方法是登上飞机——"停止了质疑"。

你的内部辩论不会因登机而结束，可能在舱门关闭，飞机驶离登机口之前还会有下飞机的想法。但你登上飞机之后，会有现实问题需要处理，而不仅仅是自己的预期想法，这通常有助于推进练习飞行恐惧的进程。

等待起飞

当你登上飞机从空姐身边经过时，向她问好并提到你害怕飞行。这并不是为了要求机组人员特地为你做什么——他们能做的并不多——而是为了打破保守这个秘密的习惯，因为保守这个秘密让你更加焦虑。害怕飞行这件事没有必要隐藏。

很多时候，机组人员会努力提供帮助，也许稍后会回来看看你的情况或提供建议与安慰。这些可能对你有帮助，也可能没有，特别是如果他们试图帮助你减少焦虑，而当时你正在那里进行飞行恐惧练习时。所以只有当他们的建议符合你的暴露计划时才去依照执行。

对大多数人来说，等待起飞的那几分钟（似乎有几个小时那么长）是最难熬的。只要飞机还在地面上，你焦急地审视自己的选择（我应该下飞机吗？如果我受不了怎么办？）的行为可能就会继续，甚至加剧。如果这是最困难的时候，那么觉察这一事实可能对你有所帮助。知道自己正经历最困难的时刻，你可以坐下来、呼吸、期待这一天结束时自己的感受，并接受自己是一名等待的乘客。

飞行中

你的使命——允许自己害怕——使得飞行练习非同寻常，但违背了自己的本能和习惯，所以你会发现自己反复试图抵制焦虑、转移注意力、一次又一次抓住座位扶手、屏住呼吸、浅浅地呼吸、与自己争论，时刻留意出现麻烦的迹象、观察机组人员的面部表情，以及试图转移自己的注意力等。请不要对此感到气愤，你在保护自我不受焦虑影响或转移注意力不受恐惧影响，可能多年来你一直都在做这种事情。

不同的是你现在有所觉察了，这非常好。没有觉察基本上就不会有改变，每当你发现自己有自我保护或转移注意力的行为时都要祝贺自己，然后叹口气，回到手头正在做的事情上——允许自己焦虑。

在整个飞行过程中，保存好自己创建的焦虑水平图、记录各种症状，必要时定期进行 AWARE 五步流程练习。每当你感到非常恐慌，不知道是否应该填写一份《恐慌日记》时，你就去填写吧。

如所有的恐惧症情况一样，请牢记"对立面法则"：每当发现自己出现抵抗的行为时，就转念采取接纳的态度。

对于身体的感觉，主要应对措施包括腹式呼吸、伸展、绷紧和放松受影响的肌肉，在飞行员允许的情况下，站起来在飞机上走动。

培养对"如果……怎么办？"的觉察，因为这些想法可能会诱导你认为会有不好的事情发生。只要你意识到是自己在臆想会发生不好的事情（而并非真实发生），那么头脑中有这样的念头也是可以的（允许其存在）。

不要在沉默和孤立中挣扎。如果你有同伴的话，可以和他谈谈，也可以和机组人员以及其他乘客谈谈。最重要的是，每当自己感到焦虑的时候，提醒自己乘坐此次航班就是为了练习使用 AWARE 五步流程应对飞行恐惧。

对于抓住座位扶手、屏住呼吸、避免看窗外的风景，监听引擎的声音这样的恐慌行为，适用简单的"对立面法则"——做相反的事情：放开座位扶手、让自己无拘无束地坐着、做腹式呼吸、看窗外、和他人交谈而不是听发动机的声音。

当涉及诸如恐惧和尴尬等负面情绪时，允许自己感受任何情绪，把这些感受写在《恐慌日记》和其他观察工具中。记住，这些感受是你此行目的，唯一的办法就是感受这些感受，不要抵抗，给它们时间消退。

一旦进行了第一次恐惧飞行练习，你就会为自己的努力而感到自豪，但一次飞行练习是不够的，为了给日后的康复打下良好的基础，建议在接下来的 12~18 个月，至少每三个月进行一次这样的飞行练习。如果你飞行一次后，等了一年或更长时间才有下一次飞行，你可能会发现，恐惧又重新聚集起来了。因此，坚持！坚持！再坚持！

20
公开演讲恐惧症
· · ·

对公开演讲的恐惧可能是所有恐惧中最常见的，甚至比对死亡的恐惧还要常见。但这种恐惧和其他任何恐惧一样，都是可以治疗的。

公开演讲恐惧症有三个部分需要应对：预期、回避和自我保护。

期待的伎俩

你在小组发言中讲了 12 分钟后，焦虑程度发生变化了吗？你的焦虑程度：

增加了？

降低了？

保持不变？

大多数人对预期焦虑的反应就好像是警告自己未来的日子会越来越糟糕。"如果我现在就这么害怕，"他们心想，"那么一旦我站在大家面前，情况会不会更糟？"他们认为在公开演讲开始前越是焦虑，表现就会越差。

通常情况下，情况恰恰相反：公开演讲最焦虑的时候往往是在演讲之前，而从演讲开始的那一刻开始焦虑水平通常会下降。

图 20-1 显示了大多数公开演讲恐惧症患者在演讲前的瞬间假定模式。他们害怕与恐惧公开演讲的开始，期待自己的焦虑水平发展到无法继续进行公开演讲，但对他们中的绝大多数人来说，图 20-2 则更准确地反映了他们的实际

经历。

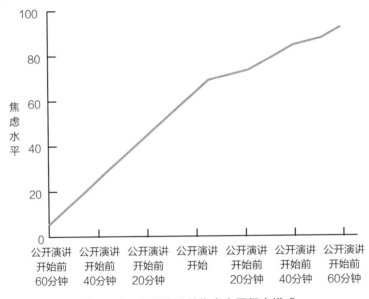

图 20-1　公开演讲前焦虑水平假定模式

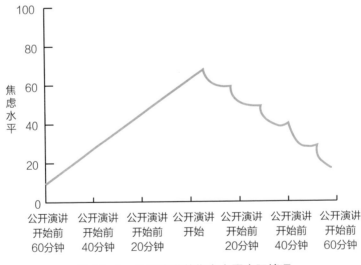

图 20-2　公开演讲前焦虑水平实际情况

　　一旦演讲开始，他们的焦虑就会至少有一点下降。如果你发现自己也是那样，那么说明恐慌使诈的一个重要途径就是让你害怕公开演讲：它让你相信事情会越来越糟，尽管事情更有可能维持原样，或实际上会越来越好，这就是你想回避的缘由。

如果图 20-2 描述了恐惧的实际模式，那么预期焦虑不是警告自己最糟糕的事情即将发生，而是预期性焦虑本身是最糟糕的部分。因此，你面临的挑战将是接受并等待预期焦虑的到来，那是未来美好时光的标志。

那将有助于提醒自己，有理由期待公开演讲的开始：预期阶段将结束，焦虑水平可能会开始下降，因为你会积极地扮演自己的角色。虽然一开始焦虑水平可能会下降一点，但在运用了本章方法之后，焦虑水平可能会下降得更多。

说起来容易做起来难，但要有适度的期待，并专注于提醒自己，一旦开始行动，自身的焦虑就会减少，而不是此时此刻的感受，甚至是你认为的能相信的程度。只需提醒自己，预期是最糟糕的部分，并顺其自然地让它过去，以便进入下一个阶段——期待公开演讲的开始可能是帮助你克服公开演讲恐惧症的许多步骤中的第一步。

当然，期待并不会在你公开演讲的那天早上才开始。对于公开演讲来说，即便公开演讲是在几个月以后，期待可能从你受邀做公开演讲的那一刻就开始了，并且会填满随后的岁月（公开演讲前的几天、前几周甚至前几个月）。针对公开演讲的前几天、前几周、前几个月的普遍的预期问题，可以运用"17"章节中所描述的方法进行调整。

回避

如果对公开演讲的恐惧给生活带来了麻烦，那么回避公开演讲和发言只会使情况更糟。对于那些很少被要求当众讲话的人来说，回避确实是可行的，因为他们很少，甚至从来没有被要求在公共场合讲话。但如果你想克服对公开演讲的恐惧，而且可能已经尝试过回避策略，但结果不令人满意，就是另一回事了。也许避免公开演讲会让你感到不舒服，而克服这种恐惧会给你带来个人满足感，会对你的事业有帮助。也许问题在于，你已经在事业上获得了成功，现在有很多人要求你分享自己的学识，你发现很难抗拒一群对你的学识感兴趣的人。

与其他恐惧症一样，克服公开演讲恐惧症的秘诀在于练习。一个好的练习方法是访问你所在社区的"国际演讲会"（Toastmasters，于 1924 年在美国加州成立）。这是一个全国性的非营利组织，致力于帮助人们提高公开演讲技能。

第一次参加"国际演讲会"演讲自然会感到紧张，就像人们为了克服飞行恐惧症，第一次练习飞行时感到紧张一样。记住，你不是通过在公开演讲前"摆脱"焦虑来解决对公开演讲的恐惧（那是保持恐惧的方式，而不是克服恐惧方式），而是想办法接受恐惧、调整恐惧。因此，当你为迈出这一步而感到焦虑时，请记住，这种焦虑既不是威胁也不是警告。相反，它是你步入正轨的一个标志。

一般来说，你可以以观察员身份参加"国际演讲会"，但在第一次造访之前，请与分会主席确认。无论是通过电话还是电子邮件，都要介绍自己，而且要了解他们的日程安排，并了解俱乐部的情况和期望值。如果你只想观察而不以任何方式参与，那么请事先得到主席的许可。

我向我的许多害怕公开演讲的来访者推荐"国际演讲会"，不是因为我认为那是一个能教他们减少恐惧的地方，而是因为"国际演讲会"是一个可以去练习恐惧的好地方。首先，许多人在同事和其他认识的人面前练习会焦虑，也许可以在没有他们认识的人的地方找到一个演讲俱乐部，如果他们不回到那个俱乐部，那些人就不会成为他们生活的一部分。

演讲俱乐部会有一系列的演讲活动，从非常简短的演讲，如讲一个笑话或定义一个词，到 20 分钟或更长时间的演讲，以及介于两者之间的许多不同时长的演讲，那样你就得到了渐进式锻炼。在某些时候，一旦你加入了一个演讲俱乐部并参加了一段时间的活动，你就可以在那里做一次演讲：向大家介绍自己、解释自己为什么来、描述自己的恐惧，进行自我暴露，千万不要回避与隐藏。

"国际演讲会"是练习公开演讲的一个简单而廉价的场所，不同演讲俱乐部的侧重点各不相同，因此查看一些你所在地区的俱乐部，找到与演讲有关的俱乐部。

演讲者的角色

解决对公开演讲的恐惧的下一步是明确自己的角色。大多数有这种恐惧的人认为公开演讲是一种表演，听众在那里评价、判断他们的表现。但大多数公开演讲只是说话，而不是表演。

美国总统发表国情咨文是一种表演；一个激情洋溢的演讲者在麦迪逊广场花园发表的主旨演讲是一种表演。但对我们大多数人来说，在大多数情况下，我们被要求进行的公开演讲并不是在表演，我们在那里是因为我们有一些想传达给别人的信息。

你越是了解自己的角色，并且拥抱这个角色，就越容易接受和放下焦虑。表演者可能需要口若悬河、彬彬有礼，但演讲者却可以直接上台向人们介绍所宣布的主题信息。

谈及恐惧

我第一次在美国恐惧症协会的全国会议上做公开演讲时十分兴奋，但却一直担心自己的表现。不知不觉中，我把这次公开演讲当成了一种表演，我望着那么多人，看到听众中我认识的人是该领域的知名专家，于是立即进入"表演模式"。

我把这种情况定义为"戴夫·卡博内尔日"，所有听众都在那里看我演讲、听我演讲、评判我的演讲。与我之前和之后所做的所有公开演讲相比，那是我迄今为止最不愉快的一次公开演讲经历。

在整个公开演讲进行的过程中没有发生什么可怕的事情，听众似乎很喜欢，没有人发出嘘声，也没有人睡着。但自始至终，我更关心的是听众可能对我的看法，而不是我为他们所提供的信息。

那是一次令人不舒服的公开演讲，在那之后的几天里，我感到很失望并一直在想所有可以做得更好的方法。我把所收到的赞誉当作安慰，而不是诚实的反馈。

事实上，他们不是冲着我来的，他们只是来听关于"幽默在恐惧症治疗中的应用"的讲座，而我恰好是这个讲座的主讲人。如果主讲人是其他人，他们中的大多数人（也许除了我妈妈之外）也都会来。

他们来听讲座是为了讲座的内容而来，而不是冲着我而来。

当人们认为自己必须进行表演时，他们会做出一些其他的假设。核对下面的三种假设，看看你是否和他们一样：

- 听众来听讲座主要是为了对我这个演讲人进行评判的。
- 他们给出的评价多半是负面的。
- 听众对我的看法将对我本人、我的未来、我的福祉产生重大影响。

上述假设有时是真实的，但在大多数公开演讲的场合是被夸大了且不真实的。

和我合作的伙伴们强烈地感觉到每次出席会议都会受到评判；他们所做的一切几乎都被纳入对其能力和未来职业发展的看法中。而且竞争同行总是在寻找他们可以利用的弱点——这些可能是真的。但即使是这样，也不意味着你会因为努力不受这种情况的影响而变得更好。如果你面对的是一个充满敌意的听众，那么你最好接受，认识到对此感到紧张是合理的，并允许自己感到紧张。

不要把它解读为一个不好的迹象，你最好表现坦诚，而不是努力去做完美的辩护。

　　紧张的演讲者往往会高估听众评判的激烈程度。在大多数情况下，演讲者假定他们正在被评判，并不是因为这些假设是真的，而是因为他们很紧张。那个最有可能对演讲者形成负面意见的人会是谁？是演讲者本人。

　　如果这些对你来说是真的，那么了解它们对你非常有帮助。你可以对自己的自我批评和由此产生的焦虑态度做出调整。挑选一个你在演讲过程中最明显的焦虑，回答下列有关该事件的问题：

　　你从别人那里得到的关于讲座的反馈：

_____

_____

　　你自己对那次讲座的印象：

_____

_____

　　你的印象是否与你收到的反馈不同？如果是那样，你如何解释其中差异？

_____

_____

　　如果你发现自己给自己的评价一直比别人给自己的评价差，那么不要假设这种评价更准确。考虑一下这样的可能性：你是不是更加挑剔，因为你的自我意识很强。你通常给其他演讲者什么样的反馈？与你的自我评价相比如何？你是否看到一种倾向，即你对自己的评价更负面？

挑战与威胁：解读焦虑情绪

　　在一群人面前你感到紧张。你的紧张以各种各样的方式表现出来：身体上你感受到，如温暖、虚弱、心跳加速等；你有紧张的行为，如呼吸浅；情绪上你感到恐惧。最重要的是，你的大脑不断地试图理解这一切，并告诉你发生了什么。

头脑得出的结论多半是错误的。

大脑会注意到你的焦虑程度与你面前的人，断定你害怕是因为受到了某种威胁。但如果你认为那是一种威胁，并试图把它当作威胁去处理，你就会陷入恐慌的套路中。你会感到不舒服，你会做出反应，仿佛那种不适就是危险，身体也准备好了战斗、逃跑或站在原地不动，而你会感觉更不舒服。

我们为什么乐意把公开演讲视为一种威胁呢？这其中有一些进化价值。在我们作为一个物种进化的大部分时间里，如果面对一群其他物种虎视眈眈地看着你……嗯，那可是危险的信号，你很可能变成人家的下酒菜。在现代社会这不再是真的，但我们仍然携带着那样的基因密码，使我们对这种情况保持警惕。

你知道为什么用笑话作为演讲的开始是如此刻板的传统吗？

几乎每个人在一群人面前开始发表讲话时都会感到焦虑不安，幽默是化解这种不适感的一种方式，让你不再把焦虑当作一种威胁。

把焦虑当作一种威胁会使你越来越焦虑，把焦虑当作是一种挑战反而会使你的焦虑水平越来越低。

应对挑战

如果你在发言时感到害怕，你会采取什么措施来保护自己？请勾选下列适用于自己的常规行为，然后加入到自己的保护行为清单中：

□ 避免与观众进行眼神交流；

□ 加快语速，尽快让演讲结束；

□ 读发言稿而不是在演说；

□ 为了保持情绪稳定，用一种单调的声音讲话；

□ 劝阻提问；

□ 依赖同事；

□ 依靠幻灯片和其他视觉效果，分散观众的注意力，以减少实际发言时间；

□ 僵直地站在演讲台后面。

现在花点时间回忆一下"对立面法则"——关于如何应对惊恐发作，直觉告诉你的应对方式将是完全错误的，而做与自己的直觉相反的事情是会有所帮助的。当你看到上述清单时，你大概就会明白那些保护措施是如何影响公开演讲的，它们会拉开你与观众的距离。演讲恐惧者通常认为如果他们和观众保持目光接触，就会让自己更加紧张；如果让演讲有趣或鼓励提问，那只会延长自己的痛苦，增加公开演讲失败的风险。

但是当你听凭自己的直觉采取一些行为，与观众也没有交流，你在演讲台上将孤军奋战，只有恐惧的想法与你为伴，你剥夺了自己与观众交流的机会，而恰恰在那个时候，如果你能与观众保持更紧密的交流，你作为演讲者的角色就会演绎得更淋漓尽致。采取保护行为保护自己不会减少焦虑，反而会让自己的焦虑加剧。

你被耍了

要解决公开演讲恐惧的问题，减少而不是增加观众带给自己的不适，演讲者能做的第一件事是停止试图隐藏自己的紧张情绪。

我所听到的关于恐惧公开演讲的最无益的建议之一是："不要让观众看到你在出汗。"你现在对"对立面法则"有足够的了解，可以看出这个概念的问题所在。汗水，不管是有形的还是无形的都不是问题。真正的问题是对紧张感到紧张，认为这是可怕的耻辱和弱点，你必须将其隐藏起来，不让任何人注意到。这样会导致你与自己不舒服的情绪做斗争，斗争的结果反而使自己越来越焦虑。

请记住：对抗、抵制、隐藏自己的焦虑会使焦虑加剧。你所抵制的将持续存在，承认、接受并与之共存会使情况变得越来越好。

那是不是需要在演讲开始时先坦白，说明自己有多害怕、谦卑地请求观众的宽容？不是的，那样观众会感到不舒服。重要的是向自己承认自己恐惧公开演讲，不要假装不害怕。

如果你能找到一些方法，最好是以一种幽默的符合当时语境的方式缓解自己的焦虑，那么演讲的前几分钟可能会更顺利。试图将演讲焦虑作为一个绝对的秘密来守住实在是一个太大的包袱。

这里有几句开场白，可能适合于各种商业场合：

"当约翰要求我今天做介绍的时候，我告诉他我不喜欢公开演讲。他安慰我说'永远不要让他们看到你出汗了'。"（我非常明显地遮住腋窝。）"所以如果你们都闭上眼睛，我就开始讲了。"

谁说掌声一定要在演讲结束时？

我的妻子应邀在她所属教区的教堂向几百名教众讲话，她害怕公开演讲，但她又想去做。

在她开始谈及正题之前，她告诉台下的观众自己害怕公开演讲，并要求他们假装自己已经做了演讲且他们非常喜欢，现在是他们为她鼓掌的时候了。观众们照她说的去做了——热烈地鼓掌。她表达了感谢，然后继续演讲。

她不再需要担心观众是否看出她紧张，因为她已经告诉观众自己紧张；她不再需要担心观众是否支持她，因为观众已经给了她热烈的掌声；她也不觉得尴尬，因为她以俏皮和幽默的方式向观众坦白，并得到了积极的回应。再也没有什么可以隐藏的了，所以她顺利地完成了演讲，获得了观众的一致好评。

也许她的方法在非常正式的专业或商业情境中不太行得通，但你只要明白其中的要义即可——敞开心扉，以某种方式提及自己的焦虑，不被恐惧束缚与控制，让自己获得自由。

"当简要求我今天介绍情况的时候，我告诉她我非常害怕公开演讲。她告诉我，只要想象台下观众穿着内衣就可以了。"（暂停一下，看了看前几排的人。）"所以只要给我一分钟左右的时间，我就可以开始发言了。"

自信公开演讲的 10 个帮助提示

1. **讲话，但不要表演。**如果你发现自己有时会被笔记卡住，那么可以试试在没有笔记的情况下就你的主题谈上几分钟。你可能会发现自己更有活力，说话不那么犹豫，而且讲得更好——因为这感觉"就像平时说话"。

2. **公开演讲是你给观众的一份礼物。**你有想给到观众的东西，你希望他们喜欢，希望他们觉得这个东西有用、有趣、好玩。但之后会发生什么由他们决定，不要试图打动他们，显示你有多聪明，或赢得他们的认可，你只是把你就这个主题所知道的东西赠送给他们。

3. **与观众交流，而不是与他们保持距离。**如果你不看观众，而是用单调的声音以快速、固定的速度读你的笔记（或者让它成为"1000 张幻灯片之夜"），你将失去与观众的所有交流。然而，如果你保持和观众互动，你会感觉好很多。

害怕公开演讲的人经常与观众保持距离，因为他们认为如果他们关注观众，就会更加害怕。但是，当你与观众交流时——与观众进行眼神交流、向他们提问、让他们动手做某件事——你就会把你的演讲更多地保持在对话的范畴内，当你习惯于与观众进行互动，你就能更好地融入演讲者的角色之中。

4. **呼吸。** 人们在害怕的时候往往会屏住呼吸，然后在说话的时候不断地喘气。他们觉得自己不能停下来喘气，因为那样也许有人会注意到他们紧张。即使他们愿意停下来喘气，也往往不知道如何有效地喘气（因为太紧张了）。

请使用"09"章节中的腹式呼吸法，学习如何以舒适放松的方式呼吸。定期练习这种呼吸法，当你在某个团体面前发表讲话时，先调整呼吸。你所要做的就是暂停一下，喘口气，然后继续，观众会等的。

5. **让身体融入其中。** 你通常在说话的时候会用手势来强调观点吗？大多数人都会这样做。因此，当你面对某个团体讲话时也要这样做，不要僵硬地站着，让身体融入其中，动一动，你会感觉更加自然，就像普通的谈话一样。

6. **让自己的情绪融入其中。** 害怕公开演讲的人为了避免被恐惧所控制，常常努力保持情绪，不带任何情感。请找到对这个主题的热爱，在公开演讲中将那种热爱和感受演绎出来，声音忽高忽低，音量忽大忽小，不要把自己局限在一种单调的声音里。

7. **别想着完美，你只是在说话！** 如果忘记了要讲的内容（即使是最老练的演讲者也会发生这种情况），只要问观众："我说到哪里了？"他们会告诉你。如果忘记了一个你通常知道的词，也可以问观众："××病毒最新变体的名称是什么？"同样，他们会告诉你。你不需要看起来那么完美，牢记这一点有助于放松自己。

8. **在公开演讲开始之前与演讲进行期间，预期焦虑、接受焦虑。** 很多人在公开演讲前都会进行自我检查，他们会对自己说："如果我内心平静，演讲就会很顺利；如果我感到非常紧张，演讲就会很糟糕。"不是这样的！提醒自己，一旦你开始演讲，感觉会越来越好。害怕是可以的，特别是在公开演讲开始的时候。

9. 利用观众赋予你的权力。人们常常觉得自己被困在演讲者的角色之中，就像苍蝇被黏在灭蝇纸上一样，无能为力。但事实上，观众已经赋予了你很多权力，只有你能把他们的注意力从一个话题引向另一个话题，向他们提问，等待他们回答，要求他们停下来思考你刚刚描述的一种可能性，要求他们就某个问题举手投票表决等。他们甚至同意听从你的引导，而不是听从任何一个观众的。你没有被困住，你才是负责人。

利用公开演讲期间发生的任何事情对你也会有帮助。如果有人打喷嚏，那么祝福他们，或者说"祝你健康！"；如果你因为激动声音发生变化了，那就开个关于声音变化的玩笑；如果有人水杯掉地上了，或从椅子上掉下来了，问问他们是否一切安好。不要忽视任何在公开演讲期间发生的小事情，要会利用发生的一切。

10. 对观众有合理的期待。一般来说，观众希望你在公开演讲中表现好，希望你的演讲能成功，因为这样他们能获得更多的信息，听演讲对他们来说也将是一次更愉快的体验。所以一定要注意自己对观众所持的想法：对任何关于观众希望看到你崩溃或对你的公开演讲彻底反感的担忧要持怀疑态度。因为你是在对着一群人说话，可能会有各种不同的反应，允许这些反应的存在对你是有益的。有些人可能会打哈欠；有些人也许感到无聊；有些人前一天晚上可能没有睡好——你不可能知道是哪种情况，其他人可能会提前离开或偷偷讲话。通常你不会有机会在公开演讲中询问其中的原因，所以要允许观众有各种不同的反应，要认识到不同的人有不同的情况，但并不总是关于你！

21

驾驶恐惧症

• • •

驾驶恐惧症是最令人沮丧的与惊恐发作有关的恐惧症之一。在许多必须开车才能抵达的地区，由于恐惧驾驶，你的生活会因为纠结要去哪里、什么时候去、开车走哪条路等问题而严重受限。

你在驾驶一辆重量超过一吨的车辆时感到恐慌，似乎是一个特别难以解决的问题。在其他惊恐发作的情况下，惊恐症患者扮演的是相对被动的角色——火车上的乘客、商店里的购物者、教堂里的礼拜者、理发的人等——当他们惊恐发作时，他们的主要任务是和这种恐惧待在一起，看着恐惧到来，看着恐惧消失。但对司机来说情况完全不同，他们不可能被动地待在那里，他们必须至少在一段时间内继续操作车辆。驾车时出现惊恐发作的人，特别是在高速路上，他们不仅害怕失去对自己的控制，而且害怕失去对车辆的控制。

人们通常认为自己在惊恐发作时会失去控制。因此，他们在惊恐发作期间将无法安全驾驶。如果在惊恐发作时确实以危险和不稳定的方式驾车，那么这个问题需要认真对待并妥善解决。但请记住，恐惧往往会愚弄你，让你相信一些根本不存在的事情。不要把你恐惧的假设当成真实存在的事情。相反，使用本章中的内容来审视自己的实际驾驶行为，然后确定自己是否能在惊恐发作时安全驾驶。

首先，我们来讨论你所经历的恐惧的性质。简言之，驾驶恐惧症，听起来好像是恐惧让你根本无法驾驶，有些人完全避免驾驶，但对绝大多数人来说，情况要更加复杂。在美国，数以百万计的人害怕开车，但在某些情况下仍继续开车，而在其他情况下避免开车。也许他们在当地道路上开车，避开在高速公路上驾车；也许他们在离家一定范围内开车，而不是在更远的地方开车；也许他们在城边有医院和可以随意停车的地方开车，但不在农村或没有人的路段开车，以免自己需要帮助的时候无人求助。

避免在高速公路上驾驶的部分原因可能是这些道路上的要求车速较高，但是更令人不安的原因是高速公路上出口数量有限。"距下一个出口 12 英里"的路牌还不如换成"距下一次惊恐发作 1 英里"的路牌。一旦有人开始担心"如果我在离出口还有 11 英里的时候惊恐发作怎么办？"，那么他们知道自己一定会惊恐发作。

同一个人也许可以选择走另一条有很多交叉路口的当地道路，驾车 30 英里身上也不会出汗，是什么造成了这种差异？不一定是他们已驾车多远，或车速有多快，而是想到自己被"困"在路上，附近没有出口，他们想到的是惊恐发作的时候没有办法离开高速公路。被困的想法也会导致人们开车的时候避开有桥梁的道路、有隧道的道路、有立交桥的道路、左转车道、有红灯的道路、需要渡船的道路、中间或左边的车道、正在施工的道路、没有路肩的道路、洗车场，以及高峰时段交通流量大的道路。

仔细回顾一下恐惧驾驶的细节会有所帮助。我们先来盘点一下你对自己的驾驶所施加的限制。

在过去的一年里，你有没有开过车？

❑ 有　❑ 没有

（如果你的答案是"没有"，请转到第 242 页的中间部分）

表 21-2 列举了各种经常被惊恐发作患者所恐惧和避免的驾驶条件：快速车道、没有路肩的道路、桥梁等。对于每个你总是避免的驾驶条件，在"总是避免"一栏打勾；对于那些你通常避免但有时会容忍的情况，那么请在"例外情况下避免"一栏打勾。如果你完全不避开某个特定的路况，那么就不给这个

项目做标记；你也可以添加上任何不在清单列表中的其他情况。

表 21-1　各种经常被惊恐发作患者所恐惧和避免的驾驶条件

驾驶条件	总是避免	例外情况下避免
限制通行的高速公路		
通过可以随时停车且没有住宅或商店地区的道路		
限速 50 英里 / 小时或以上的道路		
有红灯的道路		
繁忙的十字路口的左转车道		
高峰时段交通流量大的道路		
快车道		
没有路肩的道路		
正在施工的道路		
在中间车道行驶		
在左侧车道行驶		
不熟悉的道路		
有桥梁的道路		
有隧道的道路		
洗车场		
夜间驾驶		
排放测试站		
各种快速通道		
其他		

现在看看"例外情况下避免"一栏，考虑一下你在哪些通常避免开车的情况下却可以开车？想一想，至少有时你可以在那些情况下开车的原因是什么？

那些原因不可能随随便便出现在大脑中，可能冥冥之中暗示你今天是自己可以开车的日子。

是什么让你有时能在那些情况下开车？

驾驶条件	
最近一次例外	理由

驾驶条件	
最近一次例外	理由

驾驶条件	
最近一次例外	理由

驾驶条件	
最近一次例外	理由

驾驶条件	
最近一次例外	理由

驾驶条件	
最近一次例外	理由

驾驶条件	
最近一次例外	理由

常见的例外情况下驾驶的原因如下：

- 迫切的需要。在没有其他人的情况下，要带孩子去看医生。可能需要你经过一个你通常会避开的区域，或者超出你的"安全区"。

- 乐观向上的情绪。在情绪特别好的日子里，不管出于什么原因，比起感觉不那么好的日子，你觉得自己能够驾车去更多的地方。
- 支持者。有支持者在旁边和没有支持者在旁边是不一样的，即使是你开车，有支持者在旁边时你会驾车去更多的地方。
- 支持物。当你有某些物品在身边时，如电话、水瓶或情感支持动物，有这些东西时你可能会驾车去更多的地方。
- 幸运日/倒霉日。你可能有一些不经常想到的且在特定情况下应做的事，会影响自己的选择。这些事情通常与你所经历的特别糟糕的惊恐发作有关。如果你在星期一或 12 月月初有过一次糟糕的惊恐发作，那么你可能会下意识地认为你的选择与惊恐发作有关。12 月上旬，你可能会下意识地在这些时候低调行事，"不碰运气"。
- 医院的位置。知道最近的医院的位置，对于惊恐发作患者来说非常重要。知道医院就在这条道路沿线的那份安心可能会使他们愿意驾车通过一个他们可能会避开的区域。
- 分散注意力。听听喜欢的音乐或播客，与好朋友通话聊天，或从事一些其他分散注意力的工作，往往有助于人们驾车去更远的地方。
- 天气。对许多人来说，天气宜人的日子似乎自己驾驶的可能性更大。

如果你在开车时惊恐发作，你担心会发生什么？

如果回答上述问题有困难，请回忆一下你在开车时发生的一次具体且严重的惊恐发作。想象一下，开车时我和你在车里，在发作的高峰期，我问你："你担心现在会发生什么？"在那一刻，你的答案会是什么？

_____

_____

是的，你会害怕，但问题是惊恐发作的结果会是什么？你担心在开车时惊恐发作的最糟糕的结果是什么？很多人在第一次尝试回答这个问题时，并没有找到他们恐惧的根源，他们可能会找出一些自己经历的症状。比如，他们可能会说"我会呼吸急促"或"我必须把车停在路肩上"。然后，我的后续问题会是："如果你那样做，最坏的结果是什么？"他们可能会说："人们会看到我把车停在那里，想知道我出什么问题了。"我又会问："如果他们那样问了，最糟糕的后果是什么？"

复盘你自己的回答，并确保你能找到根本原因。最坏的后果是什么？

一旦你有了答案，就可以继续回答下列问题：

过去开车时惊恐发作的最坏后果是什么？与你所担心的后果相比怎么样？

_____

_____

如果有特殊例外的情况允许自己偶尔在超出自己能力之外的路段开车，那么是什么促使你那样去做的？那些例外情况是否让你觉得更安全还是更平静？

_____

_____

当你驾车感到恐慌时，你是如何安抚自己的？

_____

_____

那些安抚的方法是如何起作用的？让你觉得更安全、更平静了吗？

_____

_____

如果惊恐发作没有产生任何危险或灾难性的后果，你如何解释这一现象？

_____

_____

关于第一个问题——担心开车时惊恐发作的后果——许多人认为有以下一种或几种情况：

- 他们担心自己会死、晕倒、发狂。

- 他们会突然踩刹车，导致追尾，或在不打方向灯的情况下变换车道。

- 他们会弃车并以某种危险的方式逃逸。

- 他们会因恐惧而瘫痪，完全失去正常功能。

- 他们会让车子熄火，无法再发动。

- 他们会心脏病发作或出现精神错乱，导致成百上千愤怒的司机被堵在身后向他们按喇叭。

回顾你对上述其他问题的回答可能有助于你认识到：

1. 惊恐发作一般不会带来人们所担心的危险，也不会产生任何灾难性的后果。据我所知，事实上 30 多年来只有一位女性来访者在惊恐发作期间发生过一次所谓的事故——她停车入库时车撞到了自家车库的墙上。人们可以在经历强烈的恐惧同时仍然安全驾驶。惊恐发作所带来的就是不适的感觉，而不是实际的危险。

2. 你可以用情绪或舒适度来判断有无驾驶的必要，而不是分析哪些情况下驾车会更安全。

3. 在驾驶过程中惊恐发作时，你可以尝试用各种方式来帮助自己，包括唱歌、大喊、祈祷、打开车窗、打开车载空调、掐自己、拍打自己、打开收音机、关闭收音机、吃零食、拽自己的头发、给朋友打电话，以及把车停在路边。在所有这些努力中，只有靠边停车与安全驾驶有一点关系，所有其他的努力都纯粹是为了分散注意力、让自己舒适。即使是那些把车停在路边的人，通常也是为了让自己恢复平静，然后继续驾驶车辆。他们不会弃车而去，一般也不会叫朋友、拖车服务或州警察来接他们。即便他们真的打过电话请求朋友过来，最后他们一般还是会自己驾驶汽车回家。

4. 在惊恐发作的阵痛中，你仍然可以控制自己的行为。人们倾向于将灾难没有发生的事实归于运气、分心、支持者或支持物。但是仔细研究这些因素，你可能会发现，虽然这些措施可能会使一个人感觉更加舒适，但并不能使他们感觉更加安全。这些安全行为不能防止精神错乱、心脏病发作、汽车追尾。真正的解释是，恐慌并不导致危险或灾难性的后果，因为那不是恐慌的本质。

分散自己的注意力呢？

人们之所以使用分散注意力的策略是因为分散注意力有时可以缓解自己的不适感。事实上，当你刻意分散自己的注意力时，其实就在有效地提醒自己必须面对的问题了。如果你真的处于危险之中，你会分散自己的注意力吗？如果你看到一辆大卡车失控般地冲向你，你会哼着小曲，还是会打方向盘？

人们在面对不适时，会本能地去分散自己注意力，而面对危险时是无法分散自己注意力的。

这就是惊恐发作时的情况。你感到恐惧、不安、痛苦，而你想要放松。但是当你感到恐惧、不安、痛苦时，你是可以开车的，就像你可以在感到悲伤、高兴、愤怒、嫉妒、孤独、充满希望时可以开车一样，你可以带着各种不同的情绪开车。

当一个人惊恐发作时，他们会体验到如此强烈的情绪和身体感受，感觉就像他们在某种程度上失去了对自己的控制，这就是惊恐的伎俩。他们感到如此不安和失控，以至于他们认为自己失去了控制。但感觉和思维并不是判断你能否负责任地行事和自我控制的标准，最好的证据是你正在做的事情是否在自己的控制之中。

你是否有过交通违规或因惊恐发作而导致的交通事故？

_____

_____

如果我是一名警察，我驾车在你车后，我会注意到你的驾驶有问题吗？你会注意到我要让你强行靠边停车吗？

_____

_____

如果你对上述两个问题的回答是肯定的，那么你需要解决自己驾驶方面的问题。如果你实际上开车很鲁莽或驾车不守交规，那么警察就有理由限制你驾驶，直到你按交规行车。

但是多数人对于上述两个问题的回答是否定的，他们没有因为惊恐发作而造成交通事故，也没有收到交警开具的罚单。巡逻的交警没有发现他们任何违反交规的行为，实际上他们开车很谨慎。他们在自己的车道内行驶，变道时使用转向灯、察看后视镜。他们车辆行驶的速度通常不会比旁边的车辆行驶的速度快（尽管超速是偶尔出现的一种违规行为）。他们有时会将自己的良好驾驶记录归因于运气或其他情况，但是当他们检视自己的实际驾驶行为时，并没有发现失控的情况。

这就验证了控制是关于驾驶行为的，而不是关于思维或情绪。如果你违反交规的记录几乎为零，那就表明你面对的是自己不适的感受，而不是实际的危险。

渐进式暴露和驾驶

如果你在复盘自己过去的驾驶经历后，发现过去的驾驶是在合理安全的情况下进行的，那么制定一个如"18"章节所述的渐进式暴露计划是有意义的。

如其所述，制定驾驶层级任务，并定期练习，使用 AWARE 步骤可以帮助与指导自己度过恐慌。

　　以下是我认识的一位朋友乔使用 AWARE 步骤来指导自己度过驾驶暴露练习期间发生的惊恐发作：

- **承认和接受**：乔与自己交谈，谈论他有惊恐发作的事实以及他对惊恐发作的反应："看来我终于惊恐发作了，但愿我没有。我不感激自己有机会练习恐慌，我只想接听我的销售电话，我已经厌倦了这一切。但是如果这是我开车去赴约时必须发生的事情，那就这样吧！来吧！我不会假装惊恐发作没有发生或假装我没有注意到自己惊恐发作了。我不会求神帮忙，这是一件非常难办的事情，但那又怎样？我会继续驾驶车辆，惊恐发作会来，也会消失。"

- **等待和观察**：乔提醒自己有一些选择，比如可以把车停在路肩等待时机或打开双闪灯让车子更慢地行驶，或者也可以不采取这些行动。如果他感觉更糟，就记住这些策略。与此同时，他会继续驾驶车辆。他通过将自己的《恐慌日记》语音输入到手机的录音应用软件来"观察"自己的反应。

- **增加舒适度的行动**：乔改用腹式呼吸。他检查了一下自己身体，看看哪些部位特别紧张、僵硬。他注意到自己的双手死死地握住方向盘，于是放松了双手；他注意到自己的手臂僵硬地伸着，于是他也放松了手臂的肌肉，让肘部弯曲，允许自己更轻地抓握方向盘；他注意到自己的手心出汗了，于是擦了擦，摇下车窗呼吸了一下新鲜空气。他发现自己的视线一直锁定正前方，于是他开始环顾四周，看着沿途的其他车辆和风景。他看了看后视镜中的自己，看看自己是否看起来像个疯子，却满意地认为自己看起来像平常的自己。

- **重复进行**：乔在35分钟的驾车过程中经历了4次这样的循环，而且经常提醒自己，这次惊恐发作会……

- **结束和评估**。就这样，驾驶暴露练习结束了（这个练习也适合你）。乔回到家后，回顾了自己的暴露练习经历并对其进行了评估。他对自己的处理方式相当满意，感觉对自己的问题比以前更清楚了，他认为自己在驾驶过程中的恐惧是被夸大了。

最后的建议：彩排

在你深入进行暴露练习之前，请在外出开车时练习几次 AWARE 步骤。

设想自己真的在经历驾车时的惊恐发作，请演练一下你会采取的 AWARE 步骤。演练每一个步骤——呼吸，填写《恐慌日记》等。在你的驾驶暴露层级任务计划中列出的几种道路类型上多次进行这样的驾驶练习。这样一来，当你驾车真正经历惊恐发作并担心失控时，你将会胸有成竹地通过练习 AWARE 步骤来让自己恢复，而不会惊慌失措。

22

电梯恐惧症

. . .

对电梯的恐惧是幽闭恐惧症的一种特殊情况，也许是最常见的情况。幽闭恐惧症通常被定义为对被限制在一个狭小空间的恐惧。

在我第一次为恐惧电梯的来访者进行心理治疗的时候，尽管我采用了在其他恐惧症中已证明是有效的方法，但结果还是令人失望。我复盘了我使用的疗法，找到了失败的原因。首先，与其他任何形式的暴露任务相比，我更有可能陪来访者乘坐电梯。即使人们想克服电梯恐惧症，相比任何其他形式的暴露活动，他们抵制和推迟乘坐电梯的可能性比较大，也许是因为爬楼梯也不难，所以为了帮助来访者开始暴露练习，我会经常陪着他们去乘坐电梯。

其次，当第一批来访者与我一起乘坐电梯时，他们无一例外地想乘坐一小段时长的电梯——开始时通常只有一层楼——然后出电梯冷静一下。我担心他们的心理状态，同意他们那样做，如果我不让他们乘坐电梯上行一层楼，就出电梯冷静一下，他们根本就不会去乘坐电梯。但实际上他们在乘坐电梯时从未平静过，他们只有在走出电梯后情绪才得到缓解，这反而产生了维持和加强他们恐惧的后果。在乘坐电梯的时候，他们在恐惧中挣扎，试图保持镇定，等待下一次走出电梯的机会，这加强了他们对恐惧的习惯性反应，让他们对恐惧极度敏感。

意识到这一点之后，我做了两个改变。首先，我开始减少在电梯里陪伴来访者的时间。我通常会在第一次进行暴露练习时，陪着他们乘坐电梯上行到二楼，然后我就会出来，快速从楼梯走到楼下，在一楼和他们会合，这样我得到了更多的锻炼，我的来访者在克服电梯恐惧方面也取得了更好的进展。其次，我开始要求来访者在电梯里度过整个暴露期，而不走出电梯，结果疗效大为改善。人们放弃了对乘坐电梯恐惧的抵抗，毅然决然地在电梯里待了很长一段时间，因此他们在相对较短的时间内对乘坐电梯不那么敏感了。

这凸显出乘坐电梯时间的长短对治疗电梯恐惧症的影响，乘坐电梯时间太短可能阻碍患者的康复。因为乘坐电梯的时间通常是如此之短，人们很自然地想着"硬撑着"就可以到达目的楼层，使得特定的某次乘坐电梯成为可能，但这种做法不利于患者从恐惧中恢复。你需要在电梯中停留足够长的时间，让恐惧达到峰值然后消失，或者至少在电梯里待足以让你了解遇见一些你所担心的事的概率。

有些治疗师采取不同的方法，在与电梯恐惧症患者一同乘坐电梯时分散患者的注意力。我认识一位治疗师，他几年前和某来访者一起乘坐电梯，在电梯门关闭的刹那，他把一罐子硬币掉到了地上。他让来访者在电梯上行到顶层再下行返回到底层的过程中捡这些硬币。

但根据我的经验，这样做是给予了错误的引导，强化了来访者必须以某种方式摆脱恐惧的想法。这样做可能会让他们确信可以通过这种分散注意力的方式来摆脱焦虑，却未能直击恐慌的直接根源——他们自己对恐慌的抵抗和斗争。只有练习直面恐惧，你才会发现恐慌在慢慢消退。

恐怖魔塔

恐怖魔塔是佛罗里达州奥兰多迪士尼世界的一个"游乐设施"，这种可怕的游乐设施将乘客带上一个 200 英尺高的塔中，模拟电梯疯狂失控的真实场景，让乘客上行到塔顶、下行到塔底三次。我的一位幽闭恐惧症来访者向我讲述了她在恐怖魔塔的经历。她在第一次上升和下降过程中就经历了她一生中的第一次惊恐发作。她的心跳加剧，似乎无法喘息，胸部感觉就像被压碎了一样，她担心自己会因心脏病发作而死亡，于是四处寻找帮助，结果发现没有服务人员一同随行（我猜服务人员觉得这样的旅程太吓人了）。绝望的她转向她的姐姐，乞求帮助，说她快要死了。姐姐告诉她，还有两趟上升、下降。听到这个消息后，我的来访者完全放弃了对抗恐惧，她接受了自己认为的即将到来的死亡。她自言自语道："就这样吧……"就在她屈服于死亡之门的刹那，她的恐慌立即消退，在接下来的上升、下降的旅程中没有再产生任何恐惧。

虽然难以置信，但维持恐慌的是你对恐惧的抵制，就像我的来访者所做的那样，直面恐慌，它便失去了能量。就像把燃烧的蜡烛放在密闭的罐子里一样，没有了氧气便无法继续燃烧。正因为如此，以摆脱焦虑为基础的康复远不如基于以下认识可靠与持久：你可以感受焦虑，直面焦虑，将自己交给它，让它过去，然后像以前一样继续生活。

搭乘恐怖魔塔的经历也再次表明，我们关于如何处理恐慌和恐惧的直觉通常是错误的，而当我们愿意做相反的事情时康复就会到来。这很好地提醒了我的来访者，她可以以此来提醒自己：屈服于惊恐发作，而不是抵制它们。

以下哪句话描述了你目前应对乘坐电梯恐惧所能做的？

想想乘坐电梯的情形。

站在大厅里，看一看电梯。

步入电梯，同时保持电梯门打开。

站在电梯里，门关闭，但不让电梯移动。

与支持者一起乘坐电梯。

独自乘坐电梯。

与陌生人一起乘坐电梯。

看看在上述活动中，你在身体感受、思维、情绪、行为层面分别经历了什

么症状？

    身体感受

_____

_____

    思维

_____

_____

    情绪

_____

_____

    行为

_____

_____

    如果你无法避免或离开上述情景，你会做什么来尝试帮助自己？

_____

_____

    人们经常盯着电梯控制装置前的灯看，以监测电梯的上行、下行情况。为了防止电梯出故障，他们站在电梯控制装置前，这样其他人就没法触碰到电梯按钮；他们站着不动，生怕身体的移动会干扰电梯的运行；他们扶着电梯壁或靠在电梯壁上，闭上眼睛，试图分散自己的注意力，忘记正在乘坐电梯的事实。

    哪些情况会改变你所经历或预期的乘坐电梯恐惧程度？

_____

_____

比如，你和一个值得信赖的朋友一起乘坐电梯，或者如果没有人乘坐电梯或乘坐电梯的人不多，你可能会感到不那么焦虑。其次，电梯内光线的明暗、电梯运行的速度、电梯是自助还是有人工服务、电梯是透明的还是不透明的、乘坐电梯时的周边环境是安静还是嘈杂的，以及电梯的新旧都会对乘坐电梯的人的焦虑状况产生影响。

如果乘坐电梯，你担心会发生什么？

在你确定了自己的恐惧，甚至经历自己的终极恐惧之后，问自己："如果发生这种情况，我担心会有什么结果？"比如，你担心电梯会被卡住，那你担心电梯卡住后会发生什么呢？如果你害怕别人看到你生气、哭泣、呼吸急促，你害怕这种不愉快的经历会带来什么后果？简而言之，你担心的最坏结果是什么？

你在电梯里遇到的最糟糕的事情是什么？

回答完上述问题后，把它们放好，一两天后再拿起来看看，以便修改补充回答。同时，去参观电梯，即便你不准备踏入电梯，至少参观一下电梯厅区域，记下自己的反应，寻找更多的细节来回答上述问题。当你再次回答完这些问题之后，关于自己对乘坐电梯恐惧的了解比你以前考虑的要多，这可能有助于你更多地进入观察者的角色，摆脱受害者的角色。

现在准备好起草自己的暴露实践计划。第一步是选择一部或两部电梯作为应对电梯恐惧暴露练习的第一次练习任务。走访各种有电梯的建筑，看看每部电梯是否符合你的练习标准。选择一部你愿意开始使用的电梯，不一定是你认为最吓人的电梯，也不一定是在你的暴露练习层级清单上排名靠前的电梯，从你认为"最安全"的电梯开始练习也可以。

你需要决定是独自还是和一个支持你的人一起做暴露练习。请注意，这个人的存在可以说有利也有弊。如果你能够在没有支持人的情况下自己进行暴露练习，会对你的康复更有益处。但如果你不愿意或无法独自乘坐电梯，那么就从有支持者陪伴开始，并尽可能早地摆脱他们的陪伴。在进行暴露任务前，请向你的支持者仔细说明你希望他们做什么。

可以回顾我们在前面章节里讨论的关于自我暴露和与支持者合作的问题，以便你可以有效地就自己的问题与支持者进行沟通。除了那些章节里提供的规定的一些一般指导法则外，请给你的支持者提供以下有关电梯的具体信息：

告诉你的支持者，你将做出所有的决定。他们只是陪同，你负责何时乘坐电梯，在哪里乘坐电梯，他们是否应该与你一起乘坐电梯还是（在某个地方）等你等，你是那个按下按钮的人。

告诉你的支持者，你可能会害怕，会有各种不愉快的感受。也许你吓坏了，脸色苍白；也许你会哭泣，那也没关系，告诉他们不要过来"拯救你"。你哭了，他们可以给你递一张纸巾，仅此而已。提醒他们，你乘坐电梯是为了练习处理自己乘坐电梯的恐惧，所以你应该感到害怕，而且除非你要求，否则他们不应该做任何事情来干扰你。

万一有人问起你在做什么，你要事先准备怎么回答。如果你乘坐的电梯到了顶层或底层，发现人们在上电梯之前就在等着让你出电梯，那么应告诉他们："我不下。"如果有人要求更多解释，你可以简单地告诉他们你正在努力克服对电梯的恐惧。但根据我的经验，没有人会问的。

告诉你的支持者你希望他们做什么。比如，他们可以帮助提醒你有计划要执行（"你在做呼吸练习吗？""有什么要我做的吗？""你想让我做什么？"），并鼓励你坚持下去，以便你在恐惧中获得良好的练习。如果他们看到你在回避或做一些无益的事情，他们可以就此向你发问（但要由你来回答）。

以下是乘坐电梯时应遵循的一些暴露法则：

- 从最简单的一步开始。只要你愿意，就进入下一个步骤。

- 大多数人在做暴露练习的时候，想开始的时候先乘坐一个楼层，然后出电梯冷静一下。如果你愿意，跳过这个阶段，你会进展得更快，因为最理想的练习是连续乘坐电梯，不出电梯，直到你不那么恐惧乘坐电梯为止。

- 如果你还没有准备好开始连续乘坐电梯，那么就从自己愿意的模式开始，但你越早进入连续乘坐电梯的状态，对你来说就越好。

- 你选择长期的自由，而不是即刻的舒适。

- 一定要戒掉自己的安全行为。特别是，不要扶着电梯墙或靠着电梯墙。

- 呼吸。

- 使用 AWARE 步骤。

- 填写《恐慌日记》，并做记录。

23
社交焦虑障碍
· · ·

社交焦虑障碍，也称为社交恐惧症，与其他引起恐慌的恐惧症略有不同，因为它涉及对羞辱、耻辱的恐惧，而不是对死亡或精神错乱的恐惧，但恐惧的强度和患者经历的低落情绪也同样难以控制。为了防止别人注意到自己的紧张状态，他们的反应很可能包括社交回避和其他安全行为。如果你患有社交焦虑障碍，你可以使用我在本书中描述的所有方法来帮助自己克服这个问题——你唯一需要做的就是改变自己关注的重点。

社交恐惧症背后的假设

社交焦虑障碍患者往往对自己和自己的焦虑有以下四个核心假设。

1. 人们对自己期望很高，在他们眼中自己必须做得很好，所以任何他人能观察到自己的各个场合都要好好表现。

2. 自己只有做什么都是对的时候，才能收获他人的积极反应。

3. 自己是一个有缺陷的人——沉闷、怪异、愚蠢、笨拙、不讨人喜欢等。

4. 当自我感到焦虑时，无法掩饰自身的焦虑。

这些假设很熟悉吗？你在与他人互动时是否受到类似信念的引导？

信念因他人的存在而激活

上述的四个信念会被某个外部线索激活：他人的存在。如果你患有社交恐惧症，进入一个有他人在场的房间时，你的注意力将从他人身上转移到自己的想法和感受上。他人在附近的简单存在会让你产生以下三个想法，而所有这些想法都源于上述的假设：

1. 如果人们能看到我，他们会评判我。

2. 如果人们评判我，评判将是负面的。

3. 如果人们对我进行负面评价，那么将对我产生可怕的且长期的影响。

这些想法很熟悉吗？你在与他人互动时是否受到类似想法的引导？

安全行为

上述的那些想法会引发焦虑，当社交恐惧症患者感到焦虑的时候，他们很可能会实施安全行为。

最常见的安全行为是回避和退缩。社交焦虑障碍患者将避免或迅速从有他人在场的许多普通的社交活动中撤出来。

你在生活中是否认识到这一点？你会避免哪些社交场合与社交活动？你会找理由离开哪些社交场合与社交活动？

与社交恐惧症有关的另一种安全反应是将注意力转向内部——关注自己的想法和感受。你从想象满屋子的人都在盯着你、评判你，你看不到他们可能是有趣的人，你可以和他们见面交谈。

这是社交焦虑症的讽刺之一——它会让你持有以下两种看似矛盾的想法：

1. 我不值得。

2. 每个人都对我最感兴趣，我是关注的焦点。

上述两种想法是真的吗？这种自我关注导致你寻找、观察、努力来控制自己的神经症状，而我们知道这是怎么回事，对吗？越对抗，越持续。

那就意味着你不关注周围所发生的一切，你只关注自己的想法、自己的焦虑并与之对抗，你没有将注意力转向你周围的人以及他们的谈话上。

你还有哪些其他的安全行为？

常见的安全行为包括：

- 尽量不让自己脸红、颤抖和出汗。

- 尽量隐藏脸红、颤抖或出汗。

- 避免与他人进行眼神交流。

- 希望自己看起来不紧张。

- 尽量不要让他人觉得自己无聊，比如，可经常转换话题。

- 为确保自己说出的话足够得体，说话之前在大脑中反复评估、排练。

- 多问问题，使谈话的重点远离自己。

- 避免表达自己的看法。

- 找借口走开或离开，包括假装收到一条短信。

- 酗酒。

恐惧难以消除

一个害怕死亡与精神错乱的恐惧症患者，在经历了大量的惊恐发作后，也许渐渐明白他们并没有死亡、并没有发疯，而这种知晓可以帮助他们解决恐惧问题。

然而，社交焦虑症患者的恐惧涉及他人对自己的负面看法，大多数社交恐惧症患者觉得这一点很难解决。

当你身处社交场合时，最常害怕的是什么？

第一个想法可能是你会害怕，或者你说不出话来，或者你会说一些愚蠢、无聊的话。但是再深挖一下，如果你表现出恐惧，或不能说话，或以一些愚蠢的方式行事，你认为会发生什么呢？是的，你会为此感到很难受，但你担心这样做的结果是什么呢？

你是否达到了恐惧的极限？大多数社交焦虑障碍患者会担心有人对自己有负面看法。你害怕他人对你有负面看法吗？

❑ 是　❑ 不是

如果你的回答为"是"，那么是否真的有人对你有过负面评价？

❑ 是　❑ 不是

如果你的回答为"是"，那么你如何发现他人给你负面评价的？

可能有人直接告诉你他们对你有非常负面的看法。然而，根据我与社交恐惧症患者打交道的经验，这种情况非常罕见，绝大多数来访者告诉我，没有人对他们说过任何批评的话，但"他们知道对方在想什么"。

你真能知道别人在想什么吗？也许不能，除非他们告诉你。你能做的就是猜测他们在想什么，而你的思维已经被上述的假设和信念绑架了。

自我暴露的力量

你试图向自己证明恐惧不是真的，没有人对自己有不好的看法，可这样做于事无补，因为你无法知道他人在想什么，你能做的就是询问他们的意见和看法。正是由于这个缘故，为了在社交焦虑障碍的治疗方面取得一些进展，我认为有选择的自我暴露，透露一些你所保守的秘密，对你非常有益。本书"08"章节所述内容对克服社交焦虑症特别有帮助。

我在与社交恐惧症患者交流时，我总是问他们有谁知道社交恐惧症，他们真正向谁解释过社交恐惧症，大多数情况下，答案是否定的。

也许他们已经向配偶或身边其他重要的人做过部分解释，但通常情况是，即使与配偶在一起，他们也会把问题降到最低，并隐藏一些细节。不过，偶尔也会有人告诉我他们向朋友或亲戚倾诉了很多，他们已经把所有关于社交的恐惧告诉了他们的表哥、表姐或中学时的密友。

在我听到上述言辞时，我已经学会了坐下来，闭上嘴巴，因为在告诉我他们与别人分享自己的故事之后，他们可能会说的下一件事是："你知道吗？我似乎从来没有在那个人面前惊慌失措过！"他们往往认为那是一次了不起的巧合，但事实并非如此。他们在那个人面前不会惊慌失措，因为他们已经分享了自己的故事，不再有任何需要保护或隐藏的东西！

社交焦虑障碍与惊恐障碍在恐惧的运作方式、人们的反应方式上惊人的相似。只是具体的恐惧不同，社交恐惧症患者害怕自己会做出愚蠢的举动，或在别人面前以有辱人格的方式表现出自己的紧张，他们担心的是他人会怎么看待自己，而不是自己身上会发生什么。

社交恐惧症患者和惊恐障碍患者一样经历了期待和预测的恶性循环，然后通过回避和各种自我保护手段来保护自己免受影响。实际上，在这两种情况下，他们的主要问题是努力保护自己。在这两种情况下，他们被"蒙蔽"着试图以让自己的问题更严重、更持久的方式来保护自己，而不是用让自己变得更好的方式去保护自己。

汤姆的故事

如果你患有社交恐惧症，你为保护自己不受羞辱所做的努力不仅会限制自己的社交活动，还会维持自己的恐惧，使自己无法采取可以减少恐惧的行动。我们以一个社交恐惧症患者的经历为例来说明这一点——假设他叫汤姆——他决定参加一个聚会。

很自然汤姆自从收到邀请函以来，内心一直在犹豫要不要参加聚会。他尽可能地推迟接受邀请，但这种推迟没有减轻他的焦虑，反而加剧了他的焦虑，因为他在拖延期间每天都在复盘这个决定。他担心自己会以各种方式引起人们的负面关注。比如，他可能会"突然愣住"、与人交谈时无话可说、因出汗和脸红而显得明显焦虑、说一些愚蠢或无礼的话、笨拙地掉落杯子和餐具引起人们对自己的关注。

接受邀请并没有降低汤姆的焦虑程度，因为他一直在想用最后一刻的借口来考虑取消赴约的可能性。就在汤姆敲门的那一刻，他的内心还在斗争要不要进去，而这种内在挣扎自然增加了他的焦虑程度。

汤姆的焦虑基本上源于这样一个事实，即根据他过去的经验，汤姆认为自己在聚会上会相当紧张，他还认为紧张是一件可怕、可耻的事情。汤姆认为他应该想办法不让自己紧张，或者至少不要让别人注意到自己紧张。所以，他最担心别人"发现"自己紧张。根据过去的经验，汤姆预计自己在派对上会有以下症状：

在身体感受方面

- 脸红
- 心跳加速
- 声音颤抖
- 出汗
- 喘气

在情绪方面

- 恐惧

- 尴尬

- 羞愧

在思维方面

- 无法融入，在他人看来自己真的很奇怪。

- 他们为我感到难过，但不会想了解我。

- 我最好与他们保持距离，免得他们发现我很焦虑。

- 不要让他们看到我不自在。

在行为方面

- 与群体疏离。

- 只倾听不说话。

- 用一个词来回答别人的问话，或用旨在让别人说话的问题来回答，这样他就可以再次沉默了。

- 压制自己的观点。

- 竭力避免被关注和与人争议，以至于使自己看起来很沉闷。

- 提前到达，也许会帮助布置聚会的场所，并提前离开。

- 穿着高领毛衣，用头发遮着脸，待在房间里最暗的地方，以掩饰脸红。

- 专注于自己，想努力控制自己的惊恐症状且不关注周围的人；观察自己，如果有暖暖的感觉，那就表明自己脸红了；不断地触摸自己的脸，看看自己是否出汗了。

汤姆的基本信念是，他有显著的弱点和不足，他害怕别人会发现自己与其他人有很大的不同。汤姆认为如果别人发现了这一点，至少会发生两件可怕的事情：他将不受欢迎，那一刻他可能会紧张到做出一些怪异的举动，或经历某种精神崩溃；每个人都对他隐瞒了自己的反应，他会成为大家蔑视、无视的对象。

汤姆其实没有不当行为或受到他人敌意关注的过往，但他认为自己知道别人在想什么，所以他继续执着于自己的想法，却没有任何实际的证据证明自己的想法。

这种循环中最邪恶的就是，汤姆一直试图通过使用相同的行为来保护自己免受那些自己害怕的结果的影响，这至少在以下两个方面加强和维持了他的恐惧感：

第一，汤姆无法检验自己对羞辱和拒绝的预测。因此，他很可能一生都被那些不切实际的、夸大的恐惧所愚弄。比如，如果汤姆从来没有让别人看到自己紧张，那么他就永远不会知道一旦别人看到他紧张到底会发生什么。他可以继续相信那会是一场悲剧，而可能只不过是一个尴尬的小插曲而已，甚至可能会是一件好事；他可能会发现其他人也很紧张，可是他保护自己的动力使自己陷入困境之中。

第二，在聚会期间，汤姆重点是监控自己，而不是与他人互动。如果有人试图吸引他的注意力，想了解他，汤姆甚至可能没有注意到，因为他只顾着控制、隐藏自己的焦虑。汤姆去参加聚会的目的不是为了与他人交往，而是为了以某种方式"度过"这次聚会，从而不让自己蒙羞。

如果抱着那样的目的，那么对汤姆来说，那一夜将是沉闷的，不会有任何有趣的事情发生。即便如此，他也会认为自己躲过了一劫，而且可能下次会感到更多而非更少的焦虑。

上述是否描述了你的行为和想法？如果是的话，你在社交场合"保护"自己的方式有哪些？

_____

_____

在社交场合，你有哪些方法可以监测自己是否有焦虑的迹象？

_____

_____

生活中是否有人知道你的社交焦虑症？如果有，是谁？

_____

_____

你是否定期与那个人讨论自己的社交焦虑症？如果是的话，那种交谈对你的感受有什么影响？

_____

_____

你是否曾有过意想不到的机会与人谈论自己的社交焦虑症？如果有，结果如何？

_____

_____

　　如果你与大多数社交恐惧症患者一样，那么你会从倾诉中得到一些释放。倾诉不会产生与暴露自己的焦虑有关的可怕后果。恰恰相反，那些糟糕的感受是来自于隐藏、抵制自己的社交焦虑，而不是来自于暴露自己的社交焦虑。

　　如果这让你想起了"对立面规则"，那就应该如此。我在本书中描述的所有"技巧"都适用于社交恐惧症。摆脱社交恐惧症的方法与摆脱惊恐障碍的方法一样，找出你被诱导着去维持自己恐惧的方式——开始相反的尝试。

　　你被蒙骗了，你专注于自己、专注于自己的想法、专注于自己的感受，而你最应该关注的是你身边的人，你应该与周围的人沟通。当然，专注于他人一开始会增加自己的不适感，但如果坚持关注他人，你会发现自己对他们非常感兴趣。当你的兴趣点在周围的人、事、物上时，你关注自己就少了，那样你的焦虑水平就会降低。

期待、承认、接受自己的恐惧，不要像卫兵一样时刻守卫着自己的恐惧。你会被愚弄到孤立自己，躲避他人，努力保护自己不受焦虑的影响，而实际上，如果你放弃保护自己，就会为摆脱焦虑而做出很多努力。

与当下互动，而不是与你想象的未来交流。

要克服社交恐惧症，首先要学会如何在"走出去"之前平息自己的焦虑，再进入社交场合。克服社交恐惧症，就像所有其他的恐惧症一样，你需要"走出去"，接受恐惧，练习与焦虑共处。

应对社交恐惧症的最好办法是直接穿越恐惧。

24

呕吐恐惧症

. . .

呕吐恐惧症是一种对呕吐的恐惧。大多数人可能从未听说过这个术语，也不知道呕吐恐惧症很常见。然而，呕吐恐惧症可能是一种致残性疾病，严重限制了与之对抗的人们的生活。

呕吐恐惧症在男人、女人、老人、小孩身上都有发生：有些人害怕自己呕吐，有些人害怕看到别人呕吐，有些人如此恐惧呕吐，以至于避免参与很多可能导致呕吐的日常活动。他们避免去很多可能导致呕吐的地方，他们的生活被预期的恐惧和害怕所支配，他们无法享受生活。有些人如此恐惧呕吐，以至于无法探望正在接受化疗的亲人、无法照顾生病的孩子。

如果你自己呕吐或看到别人呕吐，你担心会发生什么？

_____

_____

你可能很难就上面的问题给出非常具体地回答。大多数呕吐恐惧症患者都会隐约担心一些可怕的失控，或一场无法恢复的灾难——精神错乱、死亡、无尽的呕吐等。大多数情况下，他们能够认识到呕吐并不会真的导致这些灾难的发生。但当他们感到焦虑，认为呕吐可能发生时，他们就不那么肯定了。

绝大多数人过去都呕吐过，我们几乎所有人都有过呕吐，但没有给我们带来持久的恶劣影响。大多数人也见过其他人呕吐。然而，他们过去曾呕吐过且没有任何灾难性的后果，他们活得好好的。但这一简单的事实通常不足以使他们克服呕吐恐惧。呕吐恐惧症是一种强烈的强迫性恐惧，对恐惧的思考，以及对思考的恐惧，足以使他们相信自己处于某种严重的危险之中。

一旦被这种恐惧情绪所控制，人们往往会采取极端的行动来保护自己免受其害，结果反而使自己成为恐惧的囚徒。

呕吐恐惧症的循环

呕吐恐惧症患者会经历一个不断重复的循环，这一点与惊恐障碍的循环非常相似。首先，总有东西让他们想起呕吐且有很多，众多潜在的触发因素让他们专注于呕吐的可能性。

某些触发你呕吐的因素是什么？哪些情况、活动、感觉等似乎会诱发你恐惧呕吐？

几乎任何东西都可以触发呕吐。常见的诱因如下所述：

- 听说同事患流感回家了。
- 得知某亲戚开始化疗。
- 看到电影或电视节目中的人物呕吐。
- 看到厕所或浴室。
- 注意到公交车上的某乘客以某种暗示疾病的方式咳嗽。
- 感觉到任何形式的胃部不适。
- 在街上看到类似于呕吐物的东西。

当你遇到上面所列呕吐诱因之一时，你的应激反应是怎样的？当你无意中看到电视节目中的呕吐场景，或听见同事出现咳嗽和呕吐时，你内心的直接反

应是怎样的？

_____

_____

　　自觉或不自觉地产生关于呕吐的想法或意象是很常见的，因为你当时只知道自己在核查与呕吐有关的身体感受：也许你注意到自己胃部的感觉，或者你清了清喉咙，看看是否有任何呕吐的可能性。你不必太费力气就能找到暗示自己要呕吐的症状，因为恐惧感来得很快。

　　当你因上述的做法而受到惊吓时，你通常会怎么做？

_____

_____

　　大多数呕吐恐惧症患者开始保护自己：他们可能会提前下班或者不吃某顿饭；他们可能会把上厕所的时间推迟到回家后，担心看到厕所可能会诱发呕吐；他们认为也许某种食物有助于舒缓胃部不适，比如某种特殊的饼干，只要咬一口就可以让自己舒服。因此，惊恐症所特有的恐惧性预期和自我保护的循环也会在呕吐恐惧症中上演。

　　你可以把呕吐恐惧症看作是惊恐障碍的一个特例。这两种恐惧遵循的模式非常相似，主要区别在于：对于呕吐的恐惧，人们关注的是胃和喉咙的感受，以及对呕吐的想法及影像，虽然他们总是害怕同样的结果，即呕吐，但往往不清楚他们害怕呕吐的结果是什么。对于惊恐障碍，人们更关注来自自己的心脏、胸部和头部的感受。他们担心的结果是惊恐发作，他们害怕因惊恐发作而导致的其他灾难——心脏病发作、崩溃、窒息、精神错乱等。

　　呕吐恐惧症患者往往会发展出很多系统性的回避策略，以努力保护自己免受可能会呕吐的影响。比如，他们可能避免与任何可能患病的人接触；他们可能避免接触与呕吐有关的食物；他们可能避免在餐馆吃饭；他们可能避免用布蒙住嘴；他们可能避免吐口水；他们可能避免喝酒精饮料；他们可能避免去公厕。他们为保护自己不受呕吐的影响而努力，导致他们回避生活中许多原本稀松平常的部分。

用来抵御呕吐可能性的自我保护和回避措施可能直接导致几个主要的且会让患者丧失能力的后果。第一，它们剥夺了患者自由地享受生活的机会，从此他们有了不能参加的活动、不能去的地方。第二，它们会使患者陷入长期的预期恐惧模式，其中"如果……怎么办？"的想法成为他们生活中的一个主要关注点。第三，它们让患者确信，如果停止以这种方式"保护"自己，他们将遭受可怕的伤害。第四，因为患者意识到对呕吐的恐惧有一些不现实和奇怪的地方，尽管呕吐恐惧让患者感到害怕，但这种恐惧仍然可能导致患者不惜一切代价对他人隐瞒且感到非常羞愧。患者相信自己要想拥有幸福的生活，就要持续地监控和保护，以防止呕吐的发生，而事实是所有这些监控和保护都使患者的生活变得不那么愉快、不那么有意义。因此，针对呕吐恐惧症所采取的自我保护和回避策略有百弊而无一益。

有些人一生中大部分时间都对呕吐有恐惧感，并设法忍受这种恐惧，直到生活的现实让患者不得不去面对。比如，孩子的出生会给父母带来这样的认识：孩子迟早会呕吐，恐惧的父母想知道自己将如何处理这个问题；同样，亲戚、朋友需要接受化疗，这往往会让患者加剧呕吐恐惧，因为恶心、呕吐是化疗的常见副作用。

呕吐恐惧症可以用我们治疗惊恐障碍的暴露疗法治愈。患者可以使用"15"章节中的 AWARE 步骤，"14"和"18"章节的暴露练习，以及"17"章节的预想练习来达到这一特定目的。

康复需要患者针对可能导致呕吐而你一直在回避或保护的情况、物体、活动和想法进行练习。常见的暴露练习包括与呕吐有关的气味、呕吐的视频和照片、向马桶里吐痰、坐在汽车后座上、在自助餐桌上吃饭、旋转以诱发恶心感、用压舌板诱发呕吐的想法和感觉等。由于许多呕吐恐惧症患者试图避免读到或使用"呕吐"一词，仅仅是阅读这一章节就是在练习早期暴露的一个步骤，因为本章中频繁使用"呕吐"一词。

想体验一下简短的暴露练习吗？大声说出"呕吐"一词两次。如果你愿意的话，现在就去做，那是一个开端。或者，如果你想让这个任务更容易一些，就在心里默念"呕吐"一词。如果你现在不愿意做任何暴露练习，就直接跳过去，回答下面的问题：

如果我现在把"呕吐"这个词重复_____次，那么发生在我身上的事情以及我的情绪感受见下：

_____

_____

如果你愿意，现在就可以做一个实验。你已经写出了自己的预测：如果你重复"呕吐"这个词会发生什么。现在你可以大声重复"呕吐"这个词，你选择重复多少次都可以。

重复完了吗？你重复"呕吐"一词之后，结果怎么样？你既要注意实际发生在你身上的情况，也要记录自己的情绪感受。

_____

_____

你得到的实际结果与你的预测相比如何？

_____

_____

无论是发生在你身上的事情还是你感受到的情绪，也许都是你预料之中的。但更多的情况可能是，你预测的情况和你实际经历的情况之间存在着差异。也许你的恐惧感和自己预测的一样，但没有其他的实际经历；也许实际的结果如你所料，但感受到了不一样的情绪；又或者实际结果与你所感受到的情绪都出乎意料。

思考一下你所做实验的结果，你如何解释自己的预测和实际结果之间的差异？

_____

_____

以上对于"呕吐"一词的重复是一个小小的暴露实验，你可以在此基础上越来越多的进行恐惧程度越来越高的暴露练习，这就是摆脱呕吐恐惧症的途径。

呕吐几乎总是令人不快的，暴露练习并不寻求改变这一点。相反，暴露练习的目的是帮助患者过自己的生活，参与对患者来说很重要的活动，让患者不会因为对呕吐的过度恐惧而不能参加某些活动、不能去某些地方。一般来说，人们被困住的原因是他们强烈希望首先不去恐惧，然后再做他们过去害怕的事情。当他们达到自己所需的舒适度时，再去做他们曾经害怕的事情。一般来说，如果不进行针对呕吐恐惧的暴露练习，那么呕吐恐惧不会自行消退。

如果你愿意去做自己害怕的事情，那么就要允许自己首先感受恐惧。你会发现自己的行动更加自由，你的对呕吐的整体恐惧程度也会降低。恐惧不会像你希望的那样迅速离去，但只要你坚持持续进行暴露练习，恐惧确实会随着时间的推移而消退。

25

健康焦虑症

· · ·

健康焦虑涉及对自己健康的担心和关注，比如担心自己有可能患上严重的疾病。对于这些类型的问题有几个诊断性的症状，为方便起见，我们简单称之为健康焦虑症。

健康焦虑症的案例

下面是萨利（化名）的故事：

萨利一直担心自己会感染致命的疾病。她主要关注自己的心脏和血液循环系统的潜在问题，但也会担心自己患上癌症、痴呆症。她说，自己一直对健康问题有点纠结，但她真正开始对健康问题十分焦虑是在她二十八九岁的时候，她最喜欢的一位阿姨在一次车祸中严重受伤致残，导致她和另外一个人之间的重要关系几乎完全丧失。

萨利说，她每天早上都清楚地知道自己是否会有一个"健康状况不佳的一天"。这样的一天从她早晨醒来就开始了，她有一个想法："如果我的心脏今天出了问题怎么办？"然后她就会躺在床上，检查自己的身体，寻找任何生病的迹象或症状。她一般都会发现一些不对劲的地方——可能是她的呼吸、脉搏或体表温度看起来有点"不正常"。她会再躺几分钟，试图让这些症状消失。在那些症状持续存在的日子里，她从床上起来，开始在网上搜索自己的症状。她希望通过这种方式找到心安的感觉，但通常找到的网络链接和建议似乎都像是不祥之兆。她经常在搜索症状一两个小时后感到疲倦，此后可能会小憩片刻。

萨利从来也没有弄明白为什么自己有时会有那样的想法，有时候又没有。这些想法在萨利的生活中循环往复。

早餐时，她经常与丈夫讨论自己的担忧，而她的丈夫往往漠视她的担忧，因为他已经看到她在没有任何问题的情况下担忧过很多次。她经常想，她是否应该给自己的医生打电话。她的丈夫通常不鼓励她那样做，因为其已经发现萨利安排了许多次问诊，却没有任何有价值的结果。萨利过去曾在医院做过各种检查，但没有发现任何疾病。除了主治医生，萨利又去咨询了各科专家，但她并没有把那些咨询结果都告诉主治医生，因为那些咨询很少有重要的发现，而且她担心主治医生会失去耐心。

萨利的医生通常不鼓励她做更多的检查和咨询，但有时也会松口为她再开一个检查单。医生给萨利开了一个治疗焦虑、抑郁症的处方，可是萨利不愿意服用任何药物，因为她读了很多关于药物副作用的文章。她的主治医师还推荐萨利去看心理医生，但她不愿意为自认为是某种身体状况的事情去看心理医生。

萨利是位自由职业人士，可以按自己的意愿来安排工作。在"健康状况不佳的日子"，她完成的工作比日常要少得多。

对比约翰（化名）的故事：

约翰患的健康焦虑症与萨利不同，他避免去看任何医疗专家，因为约翰担心他们会发现自己患有疾病。约翰想象医生在转达他患病的消息时，自己将经历各种害怕的感觉：他设想医生会暂停手头的工作，脸上露出关切的神情；他想象着自己在等待医生找到词语来传达那个可怕的诊断消息时的感受；他想象着告诉妻子自己患病的消息时会是什么情形；他想象着孩子们在没有父亲陪伴的情况下成长将对他们产生什么样的影响。

一些恐惧症患者避免去看医生，因为他们担心在医院会惊恐发作。但约翰比较恐惧医生告诉他诊断时预计会感到的不安，他担心自己将无法应对那个可怕的诊断结果带来的冲击。他从不去任何会得到医疗反馈的地方，甚至牙医诊所也不会去，而且他避免观看以医疗为主题的电视节目。

具有讽刺意味的是，约翰没有定期做身体检查、身体评估，这增加了他患重病、牙病的可能性。然而，他也没有通过回避医务人员而得到他所希望的缓解，他知道自己回避的可能正是自己需要的东西。他整日忧心忡忡。"如果我真的得了癌症怎么办？"他想，"我将不敢接受治疗！"

汤姆（化名）的故事（健康焦虑症的变体）：

汤姆担心自己的血压就像某法学院学生担心司法考试一样。他把测量血压当作是一次体检，而且他极度担心自己血压超标。

汤姆的困扰始于一次例行体检，体检的结果显示他的血压比预期的高。医生说："这可能没有什么好担心的，但我们还是要注意一下。"汤姆是一名消防员，他很焦虑，因为若想保住消防员的工作，他必须每年做一次全面的体检。

汤姆第二次测量的血压比第一次还要高，医生并没有真的认为汤姆的血压异常高，所以在那次就诊中又给汤姆测了几次，后来汤姆的血压下降到了正常范围内。但汤姆还是感到不确定，他开始害怕量血压时戴上袖带的那一刻，他发现自己在就诊前的几天、几周甚至几个月的时间内都在考虑血压问题。他买了一台血压仪，在家里使用——就像模拟考试一样——他发现用血压仪测量出的读数经常偏高。他怀疑这都是由于自己对血压仪读数的焦虑造成的，但他想不出别的办法来检测自己的血压。

汤姆害怕每年的体检，担心高血压会扼杀自己的职业生涯。在体检的那天早上，他千方百计去降低自己的血压。他去长跑、进行冥想、练习缓慢的呼吸。他对待血压仪上读数就像对待一场体育比赛，而不是简单的测量。果然，当医生读血压表度数时，发现汤姆的血压已经超出了正常数值。

幸运的是，那位医生对通常所说的"白大褂综合征"有一定的了解，而且凭他对汤姆的了解，他觉得有点不对劲。汤姆那次看病，医生来来回回给他量了好几次血压。最后，汤姆的血压逐渐回落到了消防局可以接受的范围。汤姆并不是真的患有高血压，他患的是"白大褂"健康焦虑症。

健康焦虑症的症状

正如上述案例所描述的，健康焦虑症可以有多种形式，其主要症状如下：

- 担心患病以及患病的身体症状。
- 反复检查身体以寻找疾病体征。
- 纠结于所担心的症状及其可能患病的风险。
- 在出现症状时中断正常活动。
- 经常预约医疗服务来获得安慰或因害怕诊断出严重疾病而逃避医疗。
- 过度的互联网搜索以寻求保证，并向朋友和家人征求意见。
- 在医疗咨询和寻求保证中焦虑加剧。
- 幸福感和生活质量下降，情绪低落。
- 在重要的关系中因健康焦虑产生冲突、误解。

如果你的恐惧碰巧是上述健康焦虑的症状之一，你可以做什么？

_____

_____

澄清问题

你所面临的问题是什么？

_____

_____

如果你像大多数健康焦虑症患者一样，你的回答可能是围绕着某种"如果……怎么办？"的问题。比如"如果我得了癌症（心脏病、阿尔茨海默氏病、肌萎缩性脊髓侧索硬化症等）怎么办？"。

这确定是一个令人担忧的问题，它是从"如果……怎么办？"开始的。如果你觉得此问题听起来陌生，请回到本书的前面复习一下"17"章节。

健康焦虑是什么问题？健康焦虑不是你生病了，而是你担心自己已经患病或将要患病，并试图确保自己不会患病——这是问题的根本所在。

也许问题的重点是你试图说服自己没有而且永远不会患有某种疾病。当人们因相同或类似的问题而多次去就诊时，他们寻求的就是这种保证——百分之百保证自己没有患病。

没有人可以给出这样的保证。很多没有健康焦虑症的人偶尔会有同样的"如果……怎么办？"的想法，担心自己患病，但这种想法并没有压倒他们，反而逐渐消退了。不是这部分人的想法不同，也不是他们的症状有差异，而是他们对这些想法和症状的反应不一样。

除了担忧健康，我们也没有办法确定将来不会发生其他问题，这并不是说我们未来出现问题的可能性有多大、不可能出现问题的概率有多大，只是我们不能百分之百证明问题不会发生。而我们越是努力想要得到确定性，未来就会越多地关注不确定性。

健康焦虑是关于焦虑的问题，而不是关于健康的问题。如果你把它当作一个关于健康的问题，你就会被诱导着将时间、精力、金钱投入到对你没有益处的解决方案上。

下面是将健康焦虑当作焦虑问题，而不是健康问题的一些建议：

合理设定就诊的次数

你因为健康焦虑咨询过大夫多少次了？

一直都在咨询吗？ _____

在过去 12 个月里？ _____

你是否还有一些具体的问题想让医生回答，而他们还没有回答？

❑ 是　❑ 不是

是否有你想要的具体信息而你还没有收到？

❑ 是　❑ 不是

如果你对上述任何一个问题的回答为"是"，那么请安排一次就诊，找你的医生问问这些问题，看看是否能得到你想要的信息；此后，除了每年的体检之外，把计划外的就诊视为可能的安全行为，而不是有用的医疗关注。

与你的医生就自己的健康担忧进行交谈可能会有帮助。问清楚哪些迹象和症状可能需要安排额外的预约就诊，并澄清哪些问题应该仅仅被视为无益的担忧。

与医生商议计划每年进行一次（或多次，如果医生建议的话）体检。当你有日常的忧虑、想寻求日常的保证时，不要预约就诊。如果你的健康焦虑更倾向于害怕看医生，那么请坚持每年就诊。

如果你的健康焦虑更倾向于害怕看医生，那么即使你会对此感到焦虑，也要保持与医生的年度预约，并尝试使用"17"章节中的预期焦虑策略。

识别并放下寻求保证的心理

认清这样一个事实：你不可能完全确定自己没有或永远也不会有健康问题。当你离开医生的办公室时，你可能觉得自己已经明白了。但如果你像大多数人一样回到家的时候又有一些问题出现在自己的脑海中，你感觉自己不那么确定了。你关注这些问题越多，你就越不确定，如此循环往复。

对于任何未来可能发生的事件，你不可能得到百分之百的确定性，我们的目标是放弃得到百分之百的确定性的企图。

你是否有在互联网上搜索的记录，在网上搜索你的症状和关于你对疾病的恐惧？

❑ 是　❑ 不是

如果有，请回顾一下你在谷歌上搜索这些恐惧的记录。你通常会得到什么样的结果？

＿＿＿＿＿你感到更加舒适、安心，不再担心自己的症状。

＿＿＿＿＿你感到更加担心、焦虑，并且更加关注自己对疾病的恐惧。

如果你的搜索记录表明上网有助于让你平静、放下恐惧，那么你可以继续在互联网上进行搜索。

但是对于健康焦虑症患者来说，情况并非如此。大多数健康焦虑症患者发现在网上搜索会让他们感到更加担忧、更加烦躁，而没有让他们更加平静。

如果你在互联网上搜索的经历让你更加担忧、更加烦躁，那么你会因为放弃搜索而受益；如果你确实需要医学建议，那么请向专业医师咨询。

你是否曾经反复要求朋友、家人对你的健康焦虑做出保证，即使他们没有受过医学训练，也不具备医学专业知识？

❑ 是　❑ 不是

如果你有过上述行为，请回顾一下你寻求这种保证的过往。你通常会从中得到什么结果？

＿＿＿＿＿你感到更加舒适、安心，不再为自己的症状担心。

＿＿＿＿＿你感到更加担心、焦虑，并且更加关注自己对疾病的恐惧。

同样，让你的实际体验成为自己的行动指南。如果你从寻求确定性中得到持久的好处，那么继续探求下去可能会有意义。

然而，如果真有持久的确定性的话；那么你可能不需要一直寻求确定性。如果你发现自己一直在寻求确定性，那么就表明这个确定性保质期很短，没有什么价值。

改变健康焦虑的习惯

把健康列入你不太纠结的不确定的那一类，一个重要方法是有计划地放下你为获得那份完美的确定性所做的努力。那些是习惯，而改变习惯需要定期的持续努力。改变习惯的最好方法不是试图对抗、回避，而是提高你对重复习惯的觉察，用另一种习惯取而代之。

注意忧虑的触发因素

写几天日记，记下你何时何地反复地发现自己有担心健康的习惯。要特别注意以下这些变数：

- 时间（一天中的什么时间点，以及一周中的哪一天）。
- 地点。
- 活动（你在从事什么活动）。
- 情绪状态（你所处的情绪状态）。

看看你是否能确定任何模式，告诉你什么时候自己最有可能陷入健康焦虑，那样你就可以在那些高风险的情况下做好准备，及时觉察。

看看哪些内部迹象表明你的想法正在把你引向健康担忧？看看你是否也能识别其中的一些迹象。常见的迹象包括：

"如果……怎么办？"的想法，担心自己患病。

检查一下自己的身体，看看是否有特殊的感受。

对当下的任务和活动缺乏关注。

采取替代性的回应

假设你看到一些自己开始担心健康的迹象，怎么做才有帮助呢？通常情况下，强行干预自己的想法、强迫自己不去想、与自己的想法争辩都没有任何益处。

相反，你要关注自己开始想要取代的习惯。停下来，花一分钟观察自己没有那个习惯时的感受。然后，短暂地尝试一些其他你认为更理想的反应。

做点别的事情比遵守"不要那样做"的禁令要容易得多。这种回应方式将有助于你改掉以前多次纠结过的假设健康问题的不良习惯。

下面是一些可以尝试的反应。

列出焦虑清单。将你平时对健康的担忧写下来，随身携带。当你注意到自己有忧虑的想法时，检查一下是否有任何尚未列入清单的，如果有，将它们加入书面清单中。

推迟焦虑。将对这份清单的进一步考虑推迟到一个特定的时间，提醒自己不会忘记任何重要的事情，因为你已经都写下来了。

换成简短的健康活动。散步或做一些有氧运动、逗小狗玩、给朋友打电话聊天或一起制定计划、打扫房间。你做一些健康有效的事情不是为了分散自己的注意力，而是为了让自己的精力和注意力回到现在更有用的事情上，因为你已经把烦恼安排在某个特定的时间去进行。

遵守你与焦虑的约定，或者不遵守。当约定的时间到了，如果那种焦虑仍然困扰着你，那么焦虑 10 分钟；如果那种焦虑对你已经不产生困扰，那么可以不赴约，因为没有必要，那段时间就让它白白地流走。

改变你的生活习惯

如果你注意到某些重复模式将对健康的担忧引入自己的日常生活，请做一些与这些模式不兼容的改变。

如果你观察到频繁的且每天都在担心的健康话题，如"17"章节所述，请安排常设的与担忧的约会，这将有助于减少日常生活中潜在的、自动的忧虑，你会有力量将忧虑推迟到你定期安排的与担忧的约会之后。

如果你观察到自己经常向某位朋友或家人寻求安慰，那么请与你的朋友讨论这一状况。也许你可以解释说，你发现自己有时向他人寻求的保证并不是对自己有益的保证，希望自己少做这种事。你可以争取这个人的支持，要求他们在给你提供保证之前，提醒你向别人寻求确定性对自己无益，并询问你目前的要求是否是一次例外，或者你是否愿意撤回请求。通过这种方式，他们将决定权留给你，但同时可提供一个可能对你有益的及时的提醒。

健康焦虑不是病，而是对可能会患病感到担忧的习惯。你可以通过改变与这些症状的关系，使之朝着更多接纳、更少要求确定性的方向发展，从而缓解健康焦虑的问题。

26

广场恐惧症和幽闭恐惧症

. . .

广场恐惧症和幽闭恐惧症是指一个人在对具有共同主题或特征的各种情况和线索做出反应时出现的惊恐发作、惊恐症状。

广场恐惧症一般是某个人害怕离开家而出现的各种情况。在那些情况下，他们会因公共场所的拥挤、嘈杂、混乱而感到不适，这样的公共场所包括各种交通工具、商场、大型商店、剧院、教堂、其他聚会场所，以及开阔地带。在人们平静地做着自己的事情时感到惊恐发作的恐怖是令人困惑的。大多数人很难以说清楚自己害怕什么，然而在心底，这是一种对恐惧的恐惧。他们认为在公共场合发生惊恐发作非常可耻且危险。因此，他们采取了各种安全行为来应对。对这些安全行为的依赖使得他们对能去的地方和能做的事情有越来越多的明显限制。

广场恐惧症的极端情况是被困在家里。在那种情况下，他们对许多情况都会感到恐惧，以至于觉得自己无法走出家门了。不太常见的情况是，人们也可能在家里被某个想法或外界的因素触发惊恐发作。这可能包括：应邀与朋友共进午餐、想起自己放弃了前两次的年度体检、收到关于即将举行的街区聚会或家庭团聚的通知，或者是某个日子的到来让患者回想起过去的恐慌发作。

幽闭恐惧症是一种针对狭小空间和环境的特殊恐惧症，与广场恐惧症一样，可以由各种符合其一般主题的情况和触发因素引发。幽闭恐惧症是非官方术语，《美国精神障碍诊断与统计手册》没有对其具体定义。

电梯恐惧症、飞行恐惧症是人们因幽闭恐惧症而寻求帮助的最常见的情况，这两种恐惧症分别在不同的章节阐述，但有些人也担忧自己患有其他类型的幽闭恐惧症，如害怕核磁共振检查时的半封闭的空间或在狭小的空间工作。

人们通常认为幽闭恐惧症发生仅限于在空间狭小的场所，但大小是相对的。大多数商用飞机的机舱内的可用空间比许多城市公寓提供的行走空间要大很多，但很少有人说他们在家里会患幽闭恐惧症——除非他们因一场大雪而被限制在室内，或在假日里有亲戚来访而无法离开。

这也暗示了幽闭恐惧症的另一个关键因素——幽闭恐惧症不是简单地取决于空间大小问题，而是取决于患者对当时的情况有多少掌控感。尽管飞机机舱内空间并不是非常小，但幽闭恐惧症患者会关注以下事实：他们不能在飞机飞行过程中离开座椅，他们可能会被湍流限制在座位上。

我认为将大多数幽闭恐惧症视为惊恐障碍的一个特例不但有益，而且相当准确。人们害怕被限制在狭小的空间里，因为他们担心惊恐发作时快速离开可能很困难或不可能。如果你患有惊恐障碍，那么几乎任何事物都可能像一个陷阱。但对于幽闭恐惧症患者而言，触发因素几乎都是对患者离开能力的实际限制。

幽闭恐惧症患者的轿车

一位患有幽闭恐惧症的来访者的治疗已经达到了下一个阶段——暴露练习阶段，那就是走到附近的办公大楼里练习乘坐电梯。他说他更喜欢开车（这不奇怪），所以是我们开着他的轿车去的。我惊讶地发现他开的是一辆车型极小的轿车，我不得不像在教堂里一样微微低着头，以免我的头碰到车顶。

我对他说一个幽闭恐惧症患者驾驶着这么小的一辆轿车，有点"滑稽"。他咧嘴一笑，回答说："是的，但是我在驾驶！"当然，这对他来说是最重要的。

先做什么？

某位只对驾驶感到恐惧的患者可以制定一个完全由驾驶任务组成的分级暴露练习计划。但是，如果患者患有多种恐惧症，比如，飞行恐惧症、高速公路驾驶恐惧症、拥挤公共场所恐惧症，那么患者在构建自己的分级暴露练习计划时就要做一些选择，弄清楚分级暴露的最佳顺序。

受习惯模式的影响，传统的观点倾向于针对不同类型的恐惧分别进行暴露练习，一次练习一种，我在职业生涯早期就遵循那种工作方式。现在人们有理由相信，采取一种更加多样化的方法，尽量减少常规操作、可预测性的期待可能会有帮助，所以我向患者推荐这个方法。

我知道，患者可能不喜欢不可预测性！但这往往是生活赋予我们的，如果患者不是试图避免，而是去直面，那么生活会更加美好。

如"18"章节所述，我建议为患者经历的惊恐发作的每个主要恐惧模块建立单独的分级暴露计划。假设患者正在面对四种恐惧症——高速公路驾驶恐惧症、飞行恐惧症、商场购物恐惧症、乘坐电梯恐惧症。飞行恐惧症比其他恐惧症需要更多的提前准备，所以飞行恐惧症另外找时间进行暴露练习。患者可以从高速公路驾驶恐惧症、商场购物恐惧症、乘坐电梯恐惧症中每周挑选一种恐惧症来进行暴露练习。患者可以改变选择方式——有时特意挑选，有时随机挑选，因为毕竟在现实生活中并不是所有的事情总是事先安排好的。

我还建议患者每周在固定的某一天安排暴露练习。比如养成这样的习惯：每周四，为下一周做如下选择：

- 要直面的恐惧症。
- 要进行暴露练习的日子和时间。
- 列出在自己选择的日期和时间内进行的具体的暴露练习任务。

至于哪一天的什么时间安排自己的暴露练习，患者可能需要考虑周全。对于其他两个选择，患者可以决定哪种恐惧症、哪些具体的暴露练习任务在什么时候做、做什么，或者患者可以随机挑选。重要的是，方向要正确，速度有多快倒不重要。

患者可以通过使用我在前面"18"章节中提到的随机数发生器来随机做出选择，或者可以设计一个简单的系统，给选项编号，然后掷骰子或通过从帽子里抽出有编号的纸条的方式做出选择。

如果患者需要在星期四以外的某一天来制定计划，那也没关系。只要记住，提前定期安排下一周的日常暴露练习时间非常重要。等到每天起床后再决定当天是否要进行暴露练习似乎很诱人。但是，如果那样做，患者可能会想在那些自己觉得"可以"的日子里进行暴露练习，而不是在那些自己没有感觉的日子里进行暴露练习。由于暴露练习的全部要点是为了体验一些恐慌，这种方法必然有点违背天性。

内感受暴露

患者可能想在暴露练习中加入一些内感受性练习。简单来说，内感受暴露练习可以用来诱发某些惊恐症状，而无须离开家。我发现内感受暴露对广场恐惧症、幽闭场恐惧症中更广泛的恐惧特别有帮助，但患者可以将其纳入任何类型的恐惧暴露练习中。

下面是一些幽闭恐惧症患者、广场恐惧症患者可以通过内感受暴露法轻松诱发的症状。除了渐进式暴露任务外，患者还必须安排一些日常的时间来进行内感受暴露练习。

- 人格解体（详见"28"章节），盯着镜子里的自己，看 1~2 分钟。
- 头晕，坐在有轮子的椅子上旋转，或伸出手臂旋转身体，时长为 30~60 秒。
- 心跳加快，原地跑步或开合跳，时长为 60 秒。

- 心跳加快，整体亢奋，喝咖啡（如果你一直不喝咖啡），从喝一小口开始到喝一杯。
- 呼吸困难、胸闷，用吸管呼吸，时长为 30~60 秒。
- 头晕目眩，屏住呼吸，坚持 30~60 秒。
- 头重脚轻，头晕目眩，四肢刺痛，故意过度换气，如快速呼吸 30~60 秒。
- 喉咙发紧，在不吃东西的情况下进行快速吞咽，频率为每分钟 10~12 次。

上述技巧中有些会消耗患者的精、气、神。因此，患者如果想把它们纳入内感受暴露练习计划中，那么一定要事先与自己的医生协商，所有这些技术都可能诱发焦虑症状。记住，这不是坏事，这才是目的！

锻炼身体！

心血管锻炼可能是内感受暴露练习与日常生活的最佳整合方式，也许是患者可以经常感受各种感觉的最简单的练习方法，比如出汗、发热、呼吸困难、心率加快等感觉。患者可以在每周的例行活动中增加各种个人活动，比如散步、快走、骑自行车、慢跑、跑步等，患者还可以参考一些课程（线下、线上）资源以及视频。

心血管锻炼对健康有很多益处，但利用这种方法的人太少了。惊恐发作患者往往特别回避心血管锻炼，因为这种锻炼产生了一些让人害怕和回避的感觉。当惊恐症患者处于挣扎和逃避阶段时，远离运动是可以理解的。然而，当患者开始了解恐慌的全貌，并认识到有必要对其症状进行练习时，他们就可能开始感觉到自己的身体在不断变化，感受到自己被鼓励着去尝试心血管锻炼。

具有讽刺意味的是，人们不运动的最常见原因是他们觉得自己没有足够的能量。但锻炼不会消耗能量，只会增加能量！当你感到乏味和无精打采的时候就是做一些有氧运动的好时机。

如果你常年不运动，请向自己的医生咨询开始运动的问题。

惊恐的内部暗示

我主要关注的是患者可能与惊恐发作有关的外部线索和触发因素，比如一个地方有多拥挤、一条道路有多长，目的地离家有多远等。

下面讨论其他更微妙的变量——内部暗示。

恐怖的想法

读者咨询：我将提到两个与思想相关的例子，这些思想对惊恐发作症患者来说往往是可怕的。当我们讨论这些类型的提示时请坐下来，让自己感受任何感受。如果患者现在不愿意接触这些暗示，可以跳过这一章节，但这个部分非常重要，所以当患者愿意了解这些提示时一定要阅读这一章节。

本章节可能存在有些患者认为特别可怕的想法，他们可能会把这些想法与惊恐发作联系起来。比如，许多害怕在高速公路上驾驶的人被下面的想法困扰着，如"有什么可以阻止我驶入迎面而来的车流？"或"如果我驶离了这座桥怎么办？"等。

事实是思想并不危险，即使思想描述的是危险的行为，只有行为才是危险的，然而思想肯定会让患者焦虑。如果患者的想法足以让自己害怕，以至于引发惊恐发作，而这些想法是其过去一直试图避免的，那么把它们列入分级暴露任务练习的最高级将会有益于患者。

将恐怖的思想纳入暴露练习有别于与"担忧之约"（详见"17"章节），"担忧之约"最好是在固定的暴露练习时间之外进行，而恐怖的想法必须纳入暴露练习之中，正如患者把离家的远近、手机留在家里等因素纳入暴露练习一样。

有多种方式将恐怖的想法加入到暴露练习中：患者可以把恐怖的想法写在便条上，贴在其要做暴露练习的地方；患者可以大声地对自己重复那些想法，就像"13"章节中提到的重复方式一样；患者可以争取一位支持者在自己的要求下大声地把恐怖的想法说出来；患者还可以将大声说出来的恐怖想法录音，然后播放出来。

患者现在可能在想，上述那些将恐怖的想法纳入暴露练习的方式会不会真的让自己害怕？

这完全有可能，这就是为什么我们通常把恐怖的想法放在暴露练习清单的最后。恐怖的想法可能会有效地诱发一些惊恐症状，而这正是暴露练习的意义所在——用感觉来练习。

将恐怖的想法纳入暴露练习是违背直觉的，对吗？盯住自己的最终目标，学会与这些触发因素和症状共处，那样患者就可以自由自在地生活了。

身体状况

休息好的人往往不容易发生惊恐发作，而当他们睡眠不足或处于其他不太理想的身体状态时，就可能发生惊恐发作。我的一些来访者已经认识到这一点，他们不遗余力地确保自己处于最佳状态，就像备战奥运会一样。人们在进行暴露任务练习时可能会做的事包括：

- 比平时睡觉时间更早，从而得到更好的休息。
- 饮食会更健康。
- 多做运动，多锻炼身体。
- 经常进行冥想。

这些都是非常有利于健康的事，但是当你做这些事情的时候，并不是因为自己计划要进行暴露练习，那会让人觉得患者必须竭尽全力才能有机会进行曝光练习，也会让患者对自己驾驭日常普通活动的能力信心不足，当然也违背了暴露练习的目的——感受恐慌并针对恐慌进行练习。

如果患者注意到自己为了抵御恐慌和焦虑而努力获得充足的睡眠，那么在其分级暴露练习任务的最后加入睡眠不佳或睡眠不足的暴露练习将是有益的。

要做到这一点，就必须以多种方式干扰患者的正常睡眠，因其目的是为了缩短睡眠时间或降低睡眠质量，从而可能违背官方提出的关于睡眠卫生的一些建议。患者吃晚饭、做一些心血管锻炼的时间可能会比平时晚很多，有时候甚至在临近睡觉的时间才做；患者至少有几次是在暴露练习开始前的某个晚上，把闹钟设置在凌晨 2 点钟叫醒自己，目的同样是为了干扰自己的睡眠（配偶大概会讨厌这种干预，但患者只需要做几次）。

与在暴露练习进行期间更频繁或更严格地干预健康睡眠的做法相反的做法是什么？不那么频繁或不那么严格地做干扰睡眠！在暴露练习开始之前，偶尔做一次不太健康的选择，不是因为患者想失去那个健康的习惯，是为了不让自己认为自己的健康习惯（也许是每天跑一两英里，或减肥、低糖饮食）是在保护自己免受恐慌。事实并非如此，更重要的是，患者不需要保护自己免受恐慌。

惊恐发作患者通常会避免摄入咖啡因，因为他们担心咖啡因会增加惊恐发作发生的概率。既然患者遵医嘱且正在进行暴露练习，那么在暴露练习进行到后面的任务时，考虑在其计划中加入喝一杯热咖啡的任务。同样，这并不是因为患者需要在生活中恢复正常的咖啡因摄入，而是因为这种临时措施可以成为一种有效的方法，让其在恐慌中得到一些锻炼。

成为一个更好的人

我曾经有几位来访者，他们试图在即将到来的暴露练习中让自己成为更好的人。在暴露练习开始前的几天里，他们努力使自己成为更有德行的人——他们去教堂、去祈祷、给无家可归的人提供帮助，他们对邻居更加友善。

做一个更好的人非常好，但请不要在暴露练习开始前那样做。

患者非常清楚地知道自己日常做的所有事情，无论大事小事，都是希望避免、抑制、减少惊恐发作。知晓了这个道理，同时使用"对立面法则"，让自己在暴露练习中尽可能地强大起来。只有执行与练习相关的暴露任务，患者所做的暴露练习才能有效。

处理
相关问题

Part 5

27

黑暗恐惧症 / 怕黑恐惧症

· · ·

惊恐发作发生在白天就已经够让人头疼了，但有时人们会发现自己因夜间惊恐发作从熟睡中被惊醒。

夜间惊恐发作是指睡眠中的惊恐发作，患者会无缘无故地被惊醒。关于夜间惊恐发作的记载并不多。因此，人们在经历夜间惊恐发作时通常会感到沮丧且担心。他们往往认为这意味着"恐惧"的问题正在蔓延，并担心自己会患上一种新的且特别不祥的恐惧症。

然而，研究表明，50%~70% 的惊恐障碍症患者会在夜间至少发作一次。因此，似乎患者第一次在凌晨 2 点钟被惊醒，并不是一件不寻常、不祥的事情。

这样被唤醒的感觉自然很糟糕，但夜间惊恐发作具有白天惊恐发作的所有不安和混乱，再加上患者在半梦半醒之间不知道究竟发生了什么。患者还会觉得在夜间自己更容易受到伤害且他们的选择更少。其实夜间惊恐发作的处理方式与白天惊恐发作的处理方式基本相同。

惊恐发作患者被"为什么我会出现这种情况？"的问题所困扰，对于夜间惊恐发作的患者来说更是如此。我的来访者经常问："我睡着的时候没有思考，怎么会发生惊恐发作呢？"

人们对导致夜间惊恐发作的确切原因知之甚少，但我们知道大脑在睡眠期间不会停止活动。我们在睡眠中都会有想法，这就是梦的由来。夜间惊恐发作的发生方式似乎与清醒时惊恐发作的发生方式大致相同，只是意识不那么清醒。因此，患者把注意力从"为什么？"的问题上移开，转而关注"发生了什么？""我将如何应对？"是非常有意义的。

醒来，起床，站起来

如果患者刚刚被夜间惊恐发作惊醒，那么立即再度入睡的概率很低。给自己一分钟时间，看看自己是否足够幸运，是否能够再度入睡。但我不会等得太久，因为躺在那里纳闷的时间越长，就会越感到恐慌与沮丧。

我建议患者干脆起床，完全唤醒自己：用冷水洗把脸、喝口水、看看狗、看看猫、看看鹦鹉都可以，做一些日常的事情帮助自己清醒过来。夜间惊恐发作与噩梦不同，但患者可以把它当作噩梦来对待。

不要为了马上入睡而打开电视，可以看看书，或尝试其他事情。很多人试图分散自己在夜间惊恐发作时的注意力，但我不建议那样做。患者很可能过于努力地分散自己的注意力，从而陷入思想斗争。如果分散注意力会有帮助，那么就应该马上见效。如果你想尝试，那么最多给它一分钟。

我曾有一名男性来访者，他有一个固定的习惯，即听棒球比赛来让自己放松，慢慢进入睡眠状态。患者一旦养成了这样的习惯，就会依赖这种习惯才能入睡。问题来了——棒球赛季是从春天到秋天！那冬天怎么办呢？这个男性来访者足智多谋，他建立了一个棒球比赛录音库。长期以来，棒球一直被美国人视为最喜爱的消遣项目之一，但许多喜欢足球等强度大的运动的人认为棒球是让人打瞌睡的运动项目。这位男性来访者却两全其美——他既喜欢棒球，又能一边听棒球比赛一边让自己入睡！

但他也创造了一个先决条件：他需要听一场棒球比赛才能入睡。所以，他不得不不断地关注是否有棒球比赛。他外出旅行时，有额外的行李要打包；在飓风季节，停电风险会增加，他得采取额外的预防措施保证充足的电力供应；他还得应付他的妻子，因为她不喜欢在天黑后看棒球赛。

患者创造的每一个条件都是为了帮助自己，但却给自己带来新的困扰和预期的担忧。最好的办法是尽可能地减少依赖！任何时候，只要你开始依赖某种东西来让自己入睡，那么麻烦就在酝酿之中了，最佳的入睡方式是允许其自然地发生。

与恐慌共处

尝试重新入睡，与夜间惊恐发作共处而不是与之对抗。

应对夜间惊恐发作的最佳方法是接受和观察，而不是抗拒和忽视。在处理夜间惊恐发作时，患者可以使用我们讨论过的几乎可以针对所有白天惊恐发作的应对方法：改用腹式呼吸、遵循 AWARE 步骤、填写《恐慌日记》。

让恐慌以上述的方式消退。当患者惊慌失措时，是否会因为睡眠被这样打乱而感到恼怒？可能会！但那并不意味着生气会对患者有帮助。患者可以像对待自己讨厌的人那样，用"顺着他"的方式来回应。

恐慌之后

当患者觉得可以睡觉的时候再回到床上。如果患者在夜间惊恐发作结束后仍然感觉精力充沛，那么最好先做一些无聊且琐碎的家务事，比如擦洗浴缸。挑选一项枯燥、费力、让人不舒服的，以及不会促使其保持清醒的家务。看一部患者期待已久的电影就不是一个好的选择，因为那会让患者越看越清醒。

如果患者觉得或多或少已经准备好了睡觉，但仍想做睡前准备活动，那么就选择一项不那么有趣、不那么刺激、不会让患者睡不着觉的活动。简短的放松运动或几分钟的深呼吸，可能比看电视或阅读更有效。患者现在正准备睡觉，所以要选择静一点的活动。如果一定要看书，那就读点轻松无聊的东西吧！

在客厅里入睡，并在那里过夜往往是很诱人的，但问题就出在这里。患者会很容易养成一种习惯——在客厅很快入睡，而在卧室入睡很难。这可不是什么好事！

最好适应在卧室里睡觉，即使那样入睡似乎需要更长的时间或有可能吵醒你的伴侣。请忍受短期的不便，选择不会造成长期问题的方法。

第二天及以后的日子

刚经历过第一次夜间惊恐发作的人很可能会担心再次夜间惊恐发作，那种"如果我今晚惊恐又发作怎么办？"的想法很可能会在第二天出现在患者的脑海中。这是一种自然、常见的反应，患者只是感觉有一点紧张，最好自己觉察到这种想法，而不与之纠缠。

面对这种担忧，人们往往会更加关注自己的睡眠前景：他们经常考虑什么时候上床睡觉；试图在白天让自己疲惫不堪；考虑服用安眠药或酒精饮料以确保睡眠；他们复盘自己在工作中、在家里、在学校安排的所有重要活动，担心如果他们不睡觉，他们将无法发挥自己的角色功能等。

正是这些努力导致了更多的睡眠焦虑问题。

关于睡眠的思考

人类是一个让梦想成真的物种。我们开车上班、确保孩子们按时上学、写学期论文、及时扔垃圾、做晚饭等——我们"促成"事情发生。

睡眠不是那样的。睡眠是我们"允许"发生的事情，如果我们试图"让自己入睡"，那么可能会发现自己是一个因为无法入睡而感到委屈的人。

如果你无法让自己入睡，那么还不如试着让自己的晚餐更美味一些。享受晚餐是你允许发生的事情，你无法让其发生。

睡眠也是如此，你要创造合适的环境。比如，找一个安静、幽暗、舒适的地方，然后躺下，让自己渐渐进入梦乡，有时会比较顺利。没关系，一切都会好起来的。

如果我睡不着怎么办？

有时，人们会发现自己处于一种担心睡眠的状态中，不断试图对抗、反驳那些"如果……怎么办？"的睡眠问题。对此，他们会想象出各种可怕的情况——连续七天睡不着、发疯了、无法维持工作等。

这就是与"如果……怎么办？"的想法争论的结果，它会让你更多地陷入与自己争论之中。这种无法入睡的想法通常是恐慌想法的另一种表现形式："如果我有心脏病怎么办？""如果我晕倒怎么办？""如果我疯了怎么办？"。

因此，这里的挑战是要认识到"如果我睡不着怎么办？"是一种紧张的症状，仅此而已，把它当成是紧张的症状去对待。这不是一个重要的信息或警告，只是患者紧张而已。

"如果我不睡觉怎么办？"在大多数情况下，答案是持有这种想法的人会犯困。而当觉得困倦时就会去睡觉，这是一个自我纠正的问题。

睡眠健康

为睡眠营造适宜的环境，请遵循以下法则：

- 不要依赖药物。请在睡前几小时内不要喝酒、抽烟、喝含有咖啡因的饮料。
- 调整生物钟。每天至少到户外活动 15 分钟。
- 定期锻炼。每天至少在睡前 5 个小时进行锻炼。
- 晚饭吃早一些。让晚餐和就寝时间间隔两三个小时。
- 严格执行作息时间表。每天同一时间睡觉、同一时间起床。
- 不要睡懒觉！即使狂欢到深夜，也要在平时的时间起床。
- 不要打盹，特别是在一天的晚些时候。
- 养成睡前放松的习惯。洗个温水澡，听听轻柔的音乐，调暗灯光，或读一本书。

- 关闭电子屏幕。睡前一小时不要使用有屏幕的电子设备。

- 除了睡觉或性生活，不要在床上做其他事情。

- 保持房间安静、幽暗、凉爽。

不要只是躺在床上。如果醒来后 15~20 分钟仍无法继续入睡，那么就起床做一些家务琐事，比如擦除家具上的灰尘，直到睡意再次袭来。当你试图继续入睡时，请克制拿起手机的冲动。

夜间惊恐发作的最糟糕的情况是怎样的？夜间惊恐发作只是惊恐发作发生在夜里，并不代表其和白天的惊恐发作有任何的不同，或有更大的威胁性。如果醒了就起床，把夜间惊恐发作当作白天的惊恐发作一样对待。

28
人格解体和现实解体障碍
. . .

人格解体和现实解体障碍是一组症状，其中患者对自己及其周围的物体和人有异常的感觉、异常的观察、异常的反应。

这是一个奇怪的问题，即使对惊恐障碍患者来说也是如此。在所有的惊恐症状中，这一对可能是最难以描述的。第一次经历其中之一或这两种症状的人，通常甚至不承认这些是焦虑的症状，人们经常认为这些症状是他们失去理智的明显迹象。人格解体和现实解体的症状往往看起来非常怪异且完全无害，却往往让有此经历的人深感不安。

人格解体涉及身体感觉、情绪、思维，让患者感到自己与自己的身体是分离的，以至于可能怀疑自己是否真的存在于自己的身体之内。出现这种症状的患者可能会担心自己在别的地方，看着自己的身体梦游般的生活着，而他们在某种灵性世界中漂浮着。他们往往感到麻木，与自己的情感、思维、感觉脱节。他们可能觉得自己是机器人，好像某种程度上无法控制自己的行为和语言且对自己的记忆没有什么情感。

与人格解体相关的是现实解体。现实解体涉及身体感觉、情绪、思维，使患者感受到与周围的环境、与和自己通常有连接的人脱离。患者可能会觉得自己在梦中，在梦境里时空已经被扭曲，物体可能看起来比实际大或比实际小，也可能比实际近或比实际远。患者看周围环境的角度也可能被扰乱，要么比平时更清楚，要么比平时更模糊。

人格解体和现实解体存在于一个连续体上。在连续体的一端，患者通常会定期出现诸如惊恐障碍、创伤后应激障碍或强迫症之类的焦虑障碍症状。人格解体和现实解体也被认为是一种特殊的疾病，与焦虑症无关。在连续体的另一端，患者会经历长期的人格解体和现实解体症状。本章主要关注的是作为焦虑障碍的一部分的症状，但这些建议也可能有助于处理更多的慢性病例。

人格解体和现实解体不太好区分，如果患者无法确定，最好咨询在处理这些障碍方面有经验的心理健康专家。一般来说，这些症状越是与其他焦虑症状同时出现，就越有可能是焦虑障碍。如果与其他焦虑症状无关，那么这些症状越是在各种活动和情况下持续存在，就越有可能是人格解体／现实解体障碍。

某位来访者描述了她和两个朋友坐同一辆轿车的经历。她坐在后座上，两个朋友坐在前排，她已经从彼此的谈话中分离出来，并感到自己越来越远离有着社交连接的前排朋友。这是人格解体和现实解体的常见前兆——从周围的事件和环境中抽离。这种退缩通常导致人们变得更加以自我为中心，更加"想入非非"。她感受到惊恐发作了，其中有一些她在以前的惊恐发作中经历过的常见症状——心跳加速、感觉潮热、头晕目眩——但这次她还想知道自己是否仍在车上，或者她是否以某种方式离开了自己的身体，在人行道上观看。

她知道这个想法很可笑，她感到害怕，想摆脱这种想法的愿望使她不断地与其进行争辩。在接下来的旅程中，这种感觉一直困扰着她，她担心自己可能再也无法与自己重新建立连接。这些症状在他们都下车再次恢复集体互动后逐渐缓解，这是人格解体／现实解体体验中常见的症状。人们认为这些症状永远不会消失，而这种想法往往是这种经历中最可怕的。

人们对人格解体有各种不同的反应，但共同的主题是他们正在与现实失去连接，而他们担心如果找不到一种方法来消除这些症状，自己将会永远失去与现实的连接。以下是我从读者和来访者（均为化名）那里得到的一些关于人格解体／现实解体体验的描述。

瑟莉

如果我不得不与他人交流太久，特别是当我必须为一个问题辩护时，下面的事情就开始发生了：

我好像置身于隧道之中，我的耳朵发烫，面颊通红，世界似乎消失了——我感到孤独。我不记得自己说了些什么，我完全处于"虚幻"模式，不知道自己在哪里。

伊莱恩

当我感受不到自己是群体中的一员时，我感到孤立无援，这是一种不受控制的感觉。我往往觉得自己需要控制所有的情况，所以当我觉得自己无法控制的时候，我就会感到不舒服，实际上我觉得自己不在那里。

约翰

对我来说，人格解体意味着我突然觉得自己"不真实"——那种"这是我吗？我是我吗？或者感觉这一切都是一场梦吗？"的感觉。这种感觉很奇怪，有时我从外面审视自己，有时我又会困惑于自己是否真的在想我所想的东西……如果我真的一直专注于困扰自己的事情，或者在担心一些目前还没有发生的事情，那么我就会突然进入这种模式。但我通常会努力打起精神，做一些事情——打一个电话、散散步，做任何能让我回到现实的事情。

玛格丽特

如果我和朋友在一起，我发现自己的视野突然变了。他们看起来几乎是平面二维的，我周围的环境也是如此。我觉得自己是个旁观者，仿佛我和周围的环境之间有一定的距离。我经常觉得自己好像是在梦中……处于自动状态。我发现处理身体症状要容易得多。

如果出现上述症状，患者通常会对此感到非常不安，担心自己正因患上了可怕的精神疾病而产生了幻觉。然而，尽管这些症状对患者的感觉经验产生了特殊的影响，但经历过这些症状的人能够认识到自己对普通世界有一种特殊的反应且能够将这些症状与现实区分开来。因此，区分这些症状与严重的精神疾病的方法之一是患者认识到这些症状描述了一个不真实的世界，说明患者仍然能够把现实和虚幻区别开来。

但即使人格解体和现实解体与重度精神疾病存在差异，也常常无法让患者感到安慰。当他们意识到周围的人和车辆并不像看上去那样雾蒙蒙的且形状怪异的时候（这意味着他们仍然可以分辨真假），他们就会开始质疑："我怎么知道那些人是真的，而不是看起来像人的没有生命的躯壳？也许这也是我的想象！如果我真的疯了，却只是想象自己是正常的呢？"如此循环往复。

如果任何一种解决问题的方法是试图摆脱症状或避免不适，那么它通常会使这个问题变得更糟，会使患者将注意力更多地集中在自身的内部症状上，而不是与周围相关的事物和生活上。努力使自己摆脱症状往往适得其反，因为它限制了患者对世界的积极体验。一般来说，这也是惊恐障碍和焦虑障碍的特点。

与症状共存，改变自己与症状的关系，而不是努力去改变症状本身，通常效果更好。

关于人格解体，我认为有以下三个问题可以探讨。

人格解体意味着什么？

人格解体与任何其他恐慌症状相同，意思是"我很害怕！我患有惊恐发作！"

但无论感觉多么怪异，它们都与失去控制无关，当然仅仅读到这一点可能看起来没有说服力，也不能让人完全放心。通过复盘自己所经历的事件，患者可能会做得更好。仔细回顾自己实际做了什么——与自己的想法和感觉相比——以及人们对自己的反应。患者可以使用我们在"02"章节中使用的同样的问题来进行回顾。请记住，是否有控制力是由患者所做的事情来衡量的，而不是由患者的思想或情绪来衡量的。

尽管所有的惊恐症状彼此不同，但背后的逻辑都是一样的。有些是身体感觉、有些是情绪、有些是思想、有些是行为，但背后隐藏的含义是相同的：我很害怕。它们是用不同的方式体验同一种反应。

对于身体和情绪症状来说，这一点与思想症状一样正确。当患者有了认为这种经历将永远持续下去的想法时，那意味着什么？我不认为这种想法会告诉患者任何关于未来的准确且有用的信息，它只告诉患者一些关于当下的信息，即患者现在非常焦虑。当人们认识到这种想法是什么时——表明自己现在很紧张，仅此而已——通常会有助于他们减轻压力。

这些想法和感觉并没有准确地描述患者的真实情形，而只是患者此刻持有的想法和感受。"我有一个想法：我快要失去理智了"远比"我正在失去理智"更准确、更有效地陈述了患者的体验。仅仅想到自己中了彩票，并不会给自己的钱包中增加一美元的收入。同样，仅仅想到自己正在失去理智，并不会导致患者失去理智。

为什么会发生？

当患者对周围发生的事情（尤其是周围的人）不那么投入，而专注于自己的想法时，似乎就容易出现人格解体。这些想法通常不是患者对周围环境的想法，而是关于其他人、其他时间、其他地点的想法。患者对周围环境投入的精力和注意力越少，其想法就越多，其思绪也会更多地游离于只有在自己的想象中才会出现的想法。

患者应该做什么？

请记住，人格解体 / 现实解体的体验都会让人不适，但那并不危险。在经历这种体验时，患者的任务是看看自己是否能在等待它结束时让自己更舒服一点。如果患者能坚持下去，就不会有什么可怕的事情发生。

患者可以在遵循 AWARE 步骤的过程中处理人格解体的症状，方法如下：

1. 承认并接受这一症状。提醒自己，人格解体是不适的来源，但不是危险。

2. 将自己的注意力转移到眼前的环境上，而不是对其他时间和地点的想法。不要与自己的想法争论；只要重新集中注意力，同时允许那些想法在自己的脑海中徘徊。

3. 这些人格解体和现实解体的症状可以有效地欺骗患者，以至于患者可能很难相信自己不像一个脱离现实的疯子。这种想法也是症状的另一个方面，但不是对自己的准确看法。在一两个场合向一个值得信赖的朋友征求反馈意见，了解自己在出现这些症状时的样子，可能会有所帮助。但是不要养成寻求这种保证的习惯，因为那样可能很快就会形成依赖，又给自己制造了一个问题，一次或两次就够了！

4. 更加积极地参与到周围的人、事、活动中去。回到患者所参与的对话与活动中去，当患者更多地参与到当下的环境中时，会发现奇怪的感觉会减少。如果患者是独自一人，那么把自己的注意力更多地转移到周围的事物上。

这里有一个简单的练习，患者可以在独处时练习自己的注意力。

- 观察并大声说出患者周围 6~8 个物体的名称。如果这些物体是可以触碰到的，请把它们拿起来。

- 这样做三次。
- 现在观察同一系列的物体，同时说出前一个物体的名字。因此，如果患者有 8 个物体，先看第 1 个物体，同时说出第 8 个体的名字。然后观察第 2 个物体，同时说出第 1 个物体的名称，以此类推。

应对这些症状的最大挑战是认识到它们是焦虑的症状，而不是它们所伪装的与现实的离奇分离。一旦患者准备好了那样做，就可以使用书中提到的所有应对恐慌的不同技巧，来帮助自己应对人格解体和现实解体。

29
神经性出汗
· · · ·

有些人对在别人面前出汗有强烈的恐惧感。他们患有惊恐发作，其主要身体症状是神经性出汗。我认为这是社会焦虑症的一种形式，他们每天都生活在恐惧之中，担心人们会注意到他们身上的汗水，怀疑他们出了什么问题。他们试图以各种方式防止或阻止出汗，或向他人隐瞒，结果却遭遇更多的麻烦。

本章提供了一个不同的方法来处理此类问题。

这类问题的解决之道不是努力预防或阻止出汗，那好比用汽油救火，结果会适得其反，使问题越来越严重。

这类问题的解决之道是将患者的注意力和精力转移到生活中更重要的事情上来，一种从与出汗的强迫性对抗中抽离出来的方法。神经性出汗不是病，因此没有治疗方法。寻求治疗方法可能会给患者带来更多的麻烦和悲伤，但是患者可以学会管理神经性出汗，使其不再干扰自己的生活。

神经性出汗的情境

并非所有的多汗都是情境性的。有些人患有"原发性多汗症"，即在没有已知诱因或原因的情况下出汗过多。如果你有这个问题，那么你可能在很多时候都会大量出汗，而不仅仅是在社交场合。

神经性出汗是继发性多汗症的一种，是由社交焦虑引发的。

其他类型的继发性多汗症是由药物、传染病（如结核病）、甲状腺功能亢进、更年期或酗酒等情况引发的。

这些症状可能会突然出现，包括夜间盗汗。如果你怀疑自己的出汗是由医学原因引起的，请咨询你的医生。

神经性出汗一般发生在患者与人相处的时候，独处的时候通常不会发生。医学上的疾病或症状并不是这样的。

神经性出汗最常发生在患者的前额，那里是人体最明显的部位。为什么会出那么多汗？因为患者希望神经性出汗不会发生！随着焦虑症的发生，患者会看到很多不希望发生的事情发生了。

你的汗腺是如何发现你和他人在一起的？是你的大脑告诉它们的——不是故意的有意识思考的那部分大脑，而是大脑的边缘系统以及你的杏仁核开始行动了。

你不可能让自己的杏仁核停止监视麻烦，就像你不可能让自己的胃停止消化食物一样，但你可以重新训练它。

如果你在别人面前出汗，你担心会发生什么？

把你对出汗的所有恐惧想法列出来。写下所有这些想法，合理的和不合理的。

你可能有以下三种想法

1. 担心会发生在自己身上的事情——比如，心脏病发作、晕倒或身体垮掉。

2. 担心自己会做的事情——比如，不受控制地跑出房间、哭泣尖叫、闹情绪或"精神崩溃"。

3. 担心别人会做的事情——比如，坚持让你去医院、嘲笑你、不尊重你。请在表 29-1 中列出你的恐惧想法。

表 29-1　关于出汗的恐惧清单

担心会发生在自己身上的事情	担心自己会做的事情	担心别人会做的事情

神经性出汗对你造成了什么影响？

现在，把神经性出汗对你造成的影响一一列出来，填写在表 29-2 中。

表 29-2　神经性出汗造成的不良后果清单

在自己身上发生了什么	在那一刻自己做了什么	他人看到自己出汗后的反应

　　患者可能有过这样的经历：避免参加某次会议或某项活动，因为害怕自己在那里会出汗。但不参加这些活动妨碍了其事业发展，或者剥夺了其生活的乐趣；也许患者提前离开了会议或聚会，而留下来可能会对其自身有好处；也许患者的合作伙伴因为患者提前结束了某项活动而对其产生不满。

　　以上都是问题，但并不是出汗造成的，这些问题是由于患者努力防止或隐藏出汗而导致的，你看到其中的差异了吗？

　　如果是防止出汗造成了这些问题，那么就把它们从不良结果清单上划掉，然后列出："由于我防止出汗的努力而造成的问题"。

　　请列出因试图防止或隐藏神经性出汗而造成的所有问题。

_____

_____

哪些因素会造成最大的麻烦?

当患者列出了因防止出汗的努力所造成的问题后,把它和神经性出汗造成的不良后果清单进行对比,看看究竟是什么给患者带来了更多的麻烦——是出汗,还是防止出汗的努力?

如果患者有过因出汗而做出破坏性行为的实际经历,或者人们对患者出汗的反应给患者带来了麻烦(违背患者的意愿将其送往医院、将患者解雇等),患者应该与某位有资质的心理治疗师一起复盘这段过往。

但是,如果患者曾经因为紧张出汗而害怕可怕的事情即将发生(但实际上并没有发生),而且曾试图阻止和隐藏自己的出汗行为,从而给自身带来麻烦,那么患者就有了被欺骗的经历。他不仅上当受骗,把问题看得比实际情况更严重,而且还通过努力使问题变得更糟。

我仍然认为非常糟糕

即使患者明白出汗从未导致任何可怕的结果,其仍然可能持有这样的想法:神经性出汗会导致可怕结果,自己只是运气好而已。

患者需要做出选择,究竟用什么来指导自己的行为——是出汗的实际体验,还是对出汗持有的恐惧想法?

当你出汗明显时,你是如何了解周围人的想法的?你是否从在场的人那里得到了反馈和意见?写下你得到的反馈。

请列出人们对你的神经性出汗的评价。

_____

_____

_____

_____

我在这里留了很多空白,方便你写下自己得到的反馈,但你可能用不了那么多，大多数人实际上并没有得到任何的反馈。

我通常认为，没有批评性的反馈意味着没有人认为出汗这事有什么大不了，但我的来访者通常会提供以下两种解释：

1. 人们觉得出汗太可怕了，不愿意提。

2. 人们没有注意到我的来访者出汗，是因为"这次"隐藏得好，结果是他们会更加担心将来可能无法掩饰！

以上的想法基本上就是强迫症。强迫性想法是指不断出现在自己脑海中的想法，即使没有任何证据证明这些想法的真实性，但会让患者心烦意乱，患者会把它当成事实，当成世界上最重要的事情去对待。

其实不然。问题不在于出汗，而在于患者对出汗的纠结，努力去防止、阻止、隐藏出汗。所有这些关于别人如何看待自己的想法以及羞愧和尴尬的感觉就是焦虑。很有可能在患者的生活中，没有人像他们那样关心出汗的问题。

找到处理焦虑的不同方法是康复的关键。

你在什么地方害怕出汗？你最担心谁会注意到自己出汗？

你最担心在哪里出现神经性出汗？尽可能多地列出你害怕自己出汗的场所和活动，同时列出你最担心会注意到自己出汗的人。

_____

_____

列出你和他人在一起但通常不担心出汗的地方。

_____

_____

考虑一下你通常不害怕神经性出汗的社交场合。你认为是什么原因导致你在这些场合不害怕出汗？

你试图向谁隐藏自己的神经性出汗？找出他们的特点。他们是你已经认识的人，还是你在陌生人面前更容易神经性出汗？什么对你来说更糟糕？——与同事、老板、助理、客户、供应商、老师、学生、家人、朋友见面？写下哪类人更能引起你对出汗的恐惧？

检查一下你对上述问题的回答，哪些一般法则看似适用于神经性出汗的情况？哪些一般法则看似适用于没有出汗的情况？请写下来。

_____

_____

防止神经性出汗的安全行为

当与他人在一起时，你是否试图阻止自己流汗？你用了什么办法不让自己出汗？你坐在空调附近吗？随身携带止汗剂，在开会前多涂一层？在冬天的时候穿上夏天的衣服？服用抗焦虑或降压药物？

你可能有很多大大小小的事情要做，请把为试图阻止出汗做的所有事情一一列出来。

防止神经性出汗的安全行为清单。

_____

_____

这些努力对你有什么效果？如果你和大多数神经性出汗的患者一样，那么这些努力对解决这个问题并不奏效。这些努力会导致患者有更多的预期焦虑、更多的防止神经性出汗的安全行为——一种只会产生更多对神经性出汗的执念、导致更多次神经性出汗的模式。

隐藏神经性出汗

你是否试图向他人隐藏自己的神经性出汗？你用了哪些方法？

用头发遮住额头吗？你是否根据它们是否吸汗来挑选衣服？你是否在办公室或自己的轿车里多放一件衬衫或上衣？

请把试图隐藏神经性出汗的努力也列成一个清单。

这些隐藏汗水的努力是否奏效？

如果你像大多数神经性出汗的患者一样，那么那些努力也不会有什么好的效果。

试图掩盖自己出汗的问题在于，如果患者成功地掩盖了真相，他最终会认为自己骗了别人，他还会担心自己的运气迟早会用完。到那时，他就无法掩饰了。所有这些对秘密和隐藏的过分关注增加了患者对神经性出汗的执着。

患者跟谁说过这个问题？我的大多数来访者都没有告诉任何人，甚至跟配偶都没有说过。但是他们中的一些人已经告诉了他们生活中的某个人，使其对这个问题有了很好地了解。

来访者通常会告诉我，在面对那个人时，他们几乎不会有神经性出汗的情况。

正是如此！秘密并不能解决这个问题，保守秘密会维持并强化问题本身。神经性出汗在面对那些已经知情的人时发生的概率较低，这并不是巧合，而是因为他们没有试图对此隐藏！

阻止出汗和防止出汗的努力亦是如此，患者可以通过不同的方式来直面这个问题，从而获得更好的结果。

付诸行动

看看以下说法是否与你的体验、经历相符。

1. 神经性出汗并不在患者有意识的控制之下。

2. 患者有这样的想法：神经性出汗会导致非常糟糕的后果。

3. 患者的实际经历表明，神经性出汗并没有对其造成什么可怕的影响，也没有导致自己遭遇批评与孤立。

4. 神经性出汗的主要影响是使患者感到尴尬、羞愧、恐惧。

5. 要停止那些预示着耻辱、毁灭的夸张想法是非常困难的。即使患者知道这些想法是夸张且不真实的，也还一直有这样的想法。

6. 你越努力隐藏，情况就越糟糕。

这是否与你在这个问题上的体验与经历基本一致呢？如果是，那么本章会对你有所帮助。如果你的经历与上述六点明显不同，我建议你寻求医疗或心理咨询，进一步评估自己的情况。

接受并直面神经性出汗和对神经性出汗的预期，并与之共处，比你做的所有防止神经性出汗的努力都更有可能对自己有帮助。

这里有一个计划，也许你自己就可以实施此计划，或者你需要治疗焦虑症的专家帮助你实施此计划。无论如何，你都可以让自己走上把神经性出汗当成是一个反直觉的问题来对待的道路，这样你就能真正降低神经性出汗的发生概率，而不是相反。

你已经列出了害怕神经性出汗的情况。如果还没有，我建议你现在去写吧。

1. 根据不同情况的焦虑程度将清单排序。用数字 1 表示清单中最不可怕的情况，然后依次向下排列，直到最可怕的情况。

2. 我还要求你把自己采取的所有防止神经性出汗的措施列成清单。在这份清单中，按你认为这些措施的重要性进行排序，其中第1项是你觉得最依赖的措施，其他措施则按自己的依赖程度依次递减。

用同样的方法列出你为隐藏神经性出汗所做的努力。

3. 该计划的"暴露"部分包括在害怕的情况下进行练习，同时逐渐放弃一些你一直使用的防止神经性出汗的措施。我建议循序渐进，从最不害怕的情况开始，也就是你所害怕的情况列表中编号最小的数字做代表的情况。找出最不重要的防止神经性出汗的措施，也就是清单上编号最大的数字所代表的情况。在与他人交往时不要使用该技巧，并在自己害怕的情境中待上一段时间。

对自己隐藏出汗的努力也要这样去处理。

你在进行暴露练习的时候会发生什么？你可能会出汗，但不要被愚弄了，这就是整个练习的重点所在。

当你在那里焦虑不安、满头大汗时，你会怎么做？请用"15"章节中提到的 AWARE 步骤来指导自己的行动。以下是关于如何根据自己的需要调整这些步骤的一些补充想法。

认可并接纳

承认自己对出汗感到焦虑。你可以提醒自己，认识到这只是因为感到紧张和尴尬，以及想到了极不可能发生的糟糕事件。

承认这些感觉并不能马上阻止出汗，但可能会让自己更容易接受紧张的症状。

如果你现在出汗明显，你可能会想到别人会注意到自己在出汗。如果是那样，与其在脑子里与这种担心争论，不如做点什么。因此，你也应该向他们承认自己出汗了。

你是如何做到的呢？

你可以拿出手帕擦擦额头，然后说"我出了很多汗"之类的话。"出了好多汗，没关系，我经常出汗，因为我的'发动机'过热。"

现在你可能在想："哎呀，我为什么要这么说？我不想让他们注意到我在出汗！"答案是，如果你出汗明显，别人很可能会注意到，你拒绝说出来并不能阻止他们注意到，反而让自己感到更加自责，因为你试图忽略自己在出汗，同时又想知道他人是否注意到了。人们就是这样被问题所困扰的，他们之所以一直想着这个问题，正是因为他们对此闭口不提所造成的。

相反，要承认自己出汗，在言语中提及自己在出汗，并转移到另一个话题来消除误会。或者，如果有人先提出来，问你是否还好，你可以说："哦，你是说我出汗了？我经常出汗，我的'发动机'过热，这没什么。"然后擦擦你的额头，继续谈话。

我的经验是，如果患者努力保守秘密，或至少不承认自己神经性出汗，那么他们会有更多的担忧，神经性出汗的情况也会增多。

因此，尝试对自己的出汗情况进行一些自我暴露是有帮助的，暴露会让自己从保密所带来的担忧和羞耻感中走出来。你可以一步一步从自己希望的小事做起，并根据自己收获的实际结果进行判断。使用"08"章节中关于自我暴露的内容作为指导，并将其修改为关注出汗这一症状，而不是一般的恐慌。

你会从上述实验中获得什么？谈论神经性出汗，泄露这个秘密很有可能会对你如何思考这个问题与如何直面这个问题产生一些有益的影响。

你是如何与同事、商业伙伴、客户、顾客就神经性出汗进行沟通的？这不同于对亲密朋友的刻意的自我披露。对于这些人，要想办法来提及你经常出汗的话题，用一种稍稍放松的谈话方式。不要把交谈弄成了忏悔，让自己觉得必须承认一些可耻的事情才能得到宽恕，出汗不是罪过。

与同事、商业伙伴、客户、顾客见面，一般是为了拓展业务，而不是为了忏悔自己的缺陷。所以，要想办法把神经性出汗当成是一个不起眼的笑点，而不是一个可怕的缺点来讨论。

比如，一个经常发现自己在员工会议上出汗的商人会这样说："我很热！我出了很多汗，别担心，继续喝冰水吧！"

如果幽默不是你的风格，那就尝试简单直接的方法。如果你发现自己汗流浃背，以至于影响了谈话，那就打断谈话，并说道："别介意，我经常会出汗，即使天气不热，我也会出很多汗。不用叫救护车！我已经习惯了。"

你现在是否在扭动身体，觉得这听起来是个糟糕的主意，告诉自己这是个让人不太舒服的想法？这可能是因为你回避和抵制这个话题已经太久了。当你试图从自己的脑海中规避这个话题时，就会把注意力和自我意识集中在出汗这个话题上，从而加重自己的症状。一旦你把这个问题从你的"不可提及"清单中删除，你对此问题的困扰就会逐渐减弱。

一旦你做到了这一点，你就能让自己的注意力回到正在参加的会议、聚会或正在接听的销售电话中，你在小组讨论中的参与度会逐渐提高——不会像你想要的那么快，但会逐渐地——让你放下担心和不自在的感觉。如果发生了上述情况，那就太好了！

如果没有，而你又继续被出汗的想法所困扰与纠缠，并不自觉地想与其争论，那么请停下来想想，争论的反面是什么？

幽默地表达自己的想法

我说的"幽默"指的是更轻松地对待这些想法。与其那么认真地去对待自己想法，仿佛对待真正的麻烦一样，不如用夸张的方法找到其有趣的一面。

请参阅"17"章节中关于幽默地对待令人担忧的想法的内容。

行动

在向自己和任何可能注意到的人承认自己出汗后，患者现在可以回到自己参加这个活动的初衷上——参加这个活动不是为了炫耀自己的干燥皮肤，而是为了进行暴露练习来与人交流。当你更习惯于公开地承认和否定自己患有神经性出汗的时候，直面这种焦虑将变得更容易。

应对预期性担忧

对神经性出汗的预期性担心是问题的主要部分。重要的是这种预期通常存在于潜意识层面，人们有时甚至没有在意识上清楚地注意到自己在担心。担忧的这种潜意识性质使得它更难得到有效的管理。

请使用"17"章节中的"担忧之约"策略，找到一种更好的方式来与自己的预期性担忧关联。

总结

神经性出汗是一个非常顽固的问题，与惊恐障碍的模式基本相同。尽管很顽固，但患者可以用应对障碍的有效方法来克服这种焦虑。恢复是一个过程，通过这个过程，患者可以逐渐改变自己与神经性出汗的关系的本质，从维持自己的神经性出汗的恼人且持续的斗争中脱身。随着患者对此关注的减少，并将其全部注意力恢复到对自己真正重要的活动上，神经性出汗可能就会减少。

后记

我希望这本应对指南有趣、实用，最重要的是对患者有所帮助。我希望它能帮助患者打破惊恐发作和恐惧症的魔咒。

人们通常想知道这些方法是否会"治愈"他们。我不喜欢用这个词，"治愈"意味着恐慌是一种疾病，就像一旦接种了疫苗，你就不可能再染上的那些疾病一样。

恐慌是一种骗术，而不是一种疾病。它是一种把普通的焦虑和其他正常的自我保护反应夸大，直到你几乎无法辨认它们是什么的把戏。

你可以用这本书中的方法很好地处理恐慌，最终不再产生对恐慌的恐惧。只要你那样做，恐惧就会消失，你就可以恢复自由，做自己想做的事，去自己想去的地方，而不被恐慌或对恐慌的预期吓倒。你可以让自己恢复得很好，让恐惧症远离你的生活。

但你仍然会有普通的焦虑，这是人类身体状况的一部分。而且在生活中，你的焦虑水平会自然而然地时高时低。我更喜欢用"康复"一词而不是"治愈"。如果你认为自己已经痊愈了，然后经历了一段生活压力加大、焦虑加重的时期，你就会开始担心自己的"治愈"程度，担心自己的"病"会复发，就像匿名嗜酒者协会（Alcoholics Anonymous）使用的"康复"一词的意义一样。在那里，你可以见到 20 多年没喝酒的男人和女人，他们不会告诉你自己痊愈了，他们会告诉你，他们是正在康复的酗酒者。请把自己当成一位康复的恐惧症患者。

在康复期间，你会有恐慌或焦虑的问题吗？有可能。如果你经历了未来的不稳定时期，有一些感觉也是很自然的。如果是那样，请再次拿出这本应对指南。到地下室找到自己的笔记本，复习一下关于恐慌的伎俩、腹式呼吸、"对立面法则"等内容，重温那些帮助你康复的习惯。

以上正是你所需要的。

参考文献

[1] Batchelor, Stephen. *Buddhism Without Beliefs: A Contemporary Guide to Awakening.* New York:Riverhead Books, 1998.

[2] Butler, Gillian. *Overcoming Social Anxiety and Shyness: A Self-Help Guide Using Cognitive Behavioral Techniques.* New York: Basic Books, 2008.

[3] Carbonell, David A. *Fear of Flying Workbook: Overcome Your Anticipatory Anxiety and Develop Skills for Flying with Confidence.* Berkeley, CA: Ulysses Press, 2017.

[4] Carbonell, David A. *Outsmart Your Anxious Brain: Ten Simple Ways to Beat the Worry Trick.*Oakland, CA: New Harbinger Publications, 2020.

[5] Carbonell, David A. *The Worry Trick: How Your Brain Tricks You into Expecting the Worst and What You Can Do About It.* Oakland, CA: New Harbinger Publications, 2016.

[6] Forsyth, John P., and Georg H. Eifert. *The Mindfulness and Acceptance Workbook for Anxiety: A Guide to Breaking Free from Anxiety, Phobias, and Worry Using Acceptance and Commitment Therapy.* Oakland, CA: New Harbinger Publications, 2016.

[7] Harris, Russ, and Steven C. Hayes. *The Happiness Trap: How to Stop Struggling and Start Living:A Guide to ACT.* Newlands East, South Africa: Trumpeter Publishers, 2008.

[8] Hayes, Steven C., and Spencer Smith. *Get Out of Your Mind and Into Your Life: The New Acceptance and Commitment Therapy.* Oakland, CA: New Harbinger Press, 2005.

[9] Orsillo, Susan M., and Lizabeth Roemer. *The Mindful Way Through Anxiety: Break Free from Chronic Worry and Reclaim Your Life.* New York: Guilford Press, 2011.

[10] Seif, Martin N., and Sally M. Winston. *Needing to Know for Sure: A CBT-Based Guide to Overcoming Compulsive Checking and Reassurance Seeking.* Oakland, CA: New Harbinger Publications, 2019.

[11] Tolin, David F. *Face Your Fears: A Proven Plan to Beat Anxiety, Panic, Phobias, and Obsessions.*Hoboken, NJ: Wiley, 2012.

[12] Weekes, Claire. *Hope and Health for Your Nerves: End Anxiety Now.* New York: Berkley Press,1969.

［13］Wilson, Reid. *Stopping the Noise in Your Head: The New Way to Overcome Anxiety and Worry.* New York: Health Communications Inc., 2016.

［14］Winston, Sally M. *Overcoming Unwanted Intrusive Thoughts: A CBT-Based Guide to Getting Over Frightening, Obsessive, or Disturbing Thoughts.* Oakland, CA: New Harbinger Publications, 2017.